U0170256

基于种群生态学理论的
泛函微分方程及应用

刘　萍　王艳宁　李永昆　周见文◇著

重庆大学出版社

内容提要

本书基于种群生态学理论研究企业集群和生物种群,提出了几类具应用背景的泛函微分方程模型,利用时间尺度理论、概周期函数理论、Lyapunov 函数法、比较原理、微分不等式和积分不等式等,对维持共生关系的企业集群或生物种群的微分方程模型的持久性和稳定性进行研究.同时,研究一类时间尺度上的种群生态系统的持久性和概周期解的存在唯一性和一致渐近稳定性.

本书可作为数学与应用数学专业研究生和高年级本科生的自学教材,也可供相关的科学技术人员参考.

图书在版编目(CIP)数据

基于种群生态学理论的泛函微分方程及应用 / 刘萍
等著. -- 重庆：重庆大学出版社，2022.7
ISBN 978-7-5689-3103-8

Ⅰ.①基… Ⅱ.①刘… Ⅲ.①泛函方程—微分方程—
研究 Ⅳ.①O177

中国版本图书馆 CIP 数据核字(2021)第 258649 号

基于种群生态学理论的泛函微分方程及应用

刘 萍 王艳宁 李永昆 周见文 著
策划编辑:范 琪
责任编辑:谢 芳 版式设计:范 琪
责任校对:姜 凤 责任印制:张 策

*

重庆大学出版社出版发行
出版人:饶帮华
社址:重庆市沙坪坝区大学城西路 21 号
邮编:401331
电话:(023) 88617190 88617185(中小学)
传真:(023) 88617186 88617166
网址:http://www.cqup.com.cn
邮箱:fxk@cqup.com.cn(营销中心)
全国新华书店经销
重庆长虹印务有限公司印刷

*

开本:720mm×1020mm 1/16 印张:8.5 字数:118 千
2022 年 7 月第 1 版 2022 年 7 月第 1 次印刷
ISBN 978-7-5689-3103-8 定价:68.00 元

前言

本书基于种群生态学理论研究企业集群和生物种群,考虑了几类具应用背景的泛函微分方程模型,利用时间尺度理论、概周期函数理论、Lyapunov 函数法、比较原理、微分不等式和积分不等式等,对维持共生关系的企业集群和生物种群的泛函微分方程模型的持久性和稳定性进行研究,同时,研究时间尺度上的种群生态系统的持久性和概周期解的存在唯一性和一致渐近稳定性,得到了一系列新的结果,具体为:

第一,考虑了一类具时滞和反馈控制的企业集群的竞争与合作系统,通过使用微分方程比较原理和一个新的积分不等式技巧,获得了系统持久性的充分条件,结果显示:时滞、反馈控制以及企业的初始产量都与系统的持久性有关. 并且,从经济学角度简要解释得到的理论结果,提出企业集群发展的建议;

第二,考虑了一类具时滞和反馈控制的企业集群与第三方物流的依托型共生系统,利用文献[28]中的研究方法以及微分不等式,获得了系统持久性的充分条件,结果显示:系统的持久性不仅与时滞有关,也与反馈控制有关.同时,对得到的数学结果作出简要的经济解释,提出企业集群与第三方物流发展的建议;

第三,建立了一类具有不同发展阶段和共生关系的企业集群系统,利用微分方程比较原理、概周期函数理论和 Lyapunov 函数法,得到了保证该系统持久性、概周期解的存在唯一性和一致渐近稳定性的充分条件,并对理论结果作出简要的经济解释,提出企业发展的建议;

第四,考虑了一类具时滞和反馈控制的非自治种群互惠共生系统,通过细致的分析,获得了保证该系统持久性的一系列易于验证的充分条件.结果显示:时滞和反馈控制与种群系统的持久性无关.该结果有效推广了文献[104]的研究结果,弱化了其定理条件.进一步举例说明理论结果的可行性;

第五,考虑种群内竞争、传染病和反馈控制等因素,研究了一类时间尺度上的具非线性饱和传染力和反馈控制的概周期 Schoener 种群竞争系统,利用时间尺度上的概周期函数理论和构造 Lyapunov 函数的方法,获得了时间尺度上保证该系统持久性和概周期解的存在唯一性以及一致渐近稳定性的充分条件.最后举例验证结果的可行性.

本书内容丰富了泛函数微分方程领域的研究.

目 录

第1章 绪 论

1.1 研究背景和意义

　　种群生态学是利用数学模型描述种群与种群、种群与环境之间的相互关系,研究种群间的竞争、合作、竞争与合作、寄生等复杂的共生现象,通过对数学模型的分析研究,以期达到对生态问题的预测和控制的科学.本书旨在借鉴种群生态学中的相关概念和理论,如共生理论、生命周期理论、生态位、生态平衡、协同进化等来分析企业集群和生物种群的成长机理,以对企业集群和生物种群的共生现象进行剖析,从而使企业集群和生物种群能够获得可持续的生存和发展,形成长久的集群竞争优势.

一、企业集群研究

从种群生态学角度研究企业集群,就是以企业为单位,将企业比喻为物种,同一区域中一群工艺、技术相似的企业构成企业种群,关系密切的企业种群集合起来称为企业集群、企业集群与其生存环境构成一个"生态系统",研究集群的生态属性和行为特征,了解集群现象和掌握集群演变规律,从而实现企业集群的可持续生存的目标.

1.企业集群与生物种群的相似性

企业集群是指在某一特定领域内大量产业联系密切的企业以及相关支撑机构在空间上聚集,并形成强劲、持续的竞争优势,产生外部经济和实现规模经济的现象[1].古典经济学奠基人马歇尔强调"经济学更接近生物学而非力学",由此可见经济学与生态学的密切关系.

由于世界各地的企业集群在近十几年表现出了令人瞩目的经济绩效,比如意大利北部中小企业群、著名的美国硅谷高新技术集群以及我国广东珠江三角出口加工型企业集群、浙江家庭作坊式企业集群以及江苏的外贸导向型企业集群等,它们对推动地方经济的发展起到了重要的作用,这使得对企业集群的研究逐渐成为经济学界、管理学界的热点课题.从企业集群研究的鼻祖马歇尔[2]到战略管理之父迈克尔·波特,从"古典产业区"学派到"新产业空间"学派和"环境创新"学派,从关注聚集经济因素到关注区域制度、文化因素,对企业集群的研究涵盖了产业经济学、战略经济学、区域经济学、制度经济学、竞争经济学、经济地理学、社会学及战略管理学等诸多学科,剖析了集群的形成、发展和竞争力.这些研究虽然奠定了整个企业集群研究的理论框架,但其局限性亦很明显,主要体现在他们把企业集群当成了僵化的"中间性组织"而不是"生命有机体".

大量研究发现,企业集群与生物种群具有一定的相似性,也有着类似于生命有机体的诸多生命现象.企业自身是一个生命系统,有其自身的发展规律,也经历着如同生物种群的出生、成长、成熟、衰老直至消亡的过程,而同时它又是高一级的、它所处的企业集群中的有机组成部分,与其他企业之间形成相互依赖、相互调节的共同生存和协同进化的共生系统.生物种群为了自身的生存和发展,种群之间存在着竞争、捕食与被捕、寄生、互利等多种关系,同样在企业集群的"生态系统"中,可以将成员企业间的互动行为界定为"竞争""互惠""竞争与合作""偏利"和"寄生"等共生关系.其中,竞争是处于相同或相似生存空间的企业为争夺资源或产品市场而产生的竞争效应,企业的寄生过程是一方企业孵化另一方企业的过程,企业的偏利共生是一方企业扶持另一方企业的过程,互惠共生是企业双方平等合作的过程.从生态学角度研究经济生活中的集群现象,是经济研究的重要手段,它不仅丰富了生态学的研究内容,也拓宽了传统企业集群理论的研究范围和思考模式.

2. 企业集群的研究历史及现状

国外对企业集群的研究可以追溯到 19 世纪末,1890 年著名经济学家马歇尔(A. Marshall,1842—1924 年)在《经济学原理》中指出"专业性工业产生聚集的原因在于可以获得外部经济提供的各种好处",首先开始关注企业集群这一经济现象,自此企业集群的发展大致分为三个阶段:第一阶段,1890—1940 年,主要研究企业集群的形成原因,代表人物是马歇尔和韦伯(A. Weber);第二阶段,1980—1990 年,主要研究意大利企业集群成功的模式,代表人物是几位意大利学者:皮埃尔(M. Piore)、赛伯(C. Sable)、博卡蒂尼(G. Becattini)、派克(F. Pyke)、申格伯格特(W. Sengenberget);第三阶段,1990 年至今,企业集群研究进入百家争鸣的时代,研究者越来越多,研究内容也越来越广泛和深入,人们从各个角度分析企业集群的竞争优势及其形成原因,还有企业集群与创新的关系等.

近年来,国内外学者对企业集群的关注和研究取得了一定的成果. Davide

Chiaroni 和 Vittorio Chiesa[3]研究分析了欧洲和美国生物科技集群创建的主要形式;Moore[4]指出企业系统与生态系统有着一些共同的基本特征,且遵循相同的发展规律;姬国军[5]基于生态共生理论,分析了金融产业集群的三种关系结构:竞争关系、合作互利关系和产业捕食关系;利用复杂系统的自组织理论和协同方法,分析和研究了区域产业集群的形成和演化过程[6];引入共生理论,构建集群式产业转移进化博弈模型,探讨对称互惠共生模式与非对称互惠共生模式下集群式转移达到进化稳定的条件,为我国中西部地区制定产业承接政策提供了重要启示[7];基于生态学理论,研究了一类具脉冲的企业集群系统周期解的存在性和全局吸引性[8];高长元、杜鹏[9]在对高技术虚拟产业集群成员间合作与竞争活动分析的基础上,基于 Lotka-Volterra 模型的思想,建立了高技术虚拟产业集群成员间合作与竞争模型,并对模型进行了分析和扩展.

刘友金等[10]引入共生理论,分析了产业集群式转移与生物群落共生迁徙的相似性,构建出产业集群式转移的一般演进过程 DLSN 模型,在此基础上探讨了产业集群式转移演进过程的阶段特征与条件,并通过案例进一步验证,从而揭示产业集群式转移的基本规律,更多研究参看文献[11]、[22]及相关参考文献.

从以上公开发表的文献资料来看,国际国内关于企业集群的研究主要集中在利用共生理论、创新系统理论等研究集群发展、集群组织、集群创新机制以及对区域经济发展的作用等方面,而对集群内部共生机制的研究尚不充分和完善.研究方法主要有博弈论的方法和偏重于以经验、统计数据为基础进行的实证研究.博弈论强调理性和平衡,忽视了认知局限,实证研究则受限于具体的行业,二者均有其各自的局限性.同时,文献中所建立的数学模型也比较单一,成果主要集中在对模型平衡点和稳定性的分析上,对影响企业集群发展的诸多因素的考虑也甚少.

3. 保持企业集群生态平衡,获得企业持续性发展的重要性

与自然界的生态系统一样,位于一个区域内的企业集群是一个相互联系、相互制约的统一综合体.在这个复杂的系统中,每一个企业都有其特定的位置(生态位),并与周围企业建立密切的联系,当集群中内部成员之间的竞争与互利关系达到了平衡,就能在一定时间内保持相当数量的相关企业的空间聚集,并形成一定的产出规模.如果集群能够长期维持这种均衡状态,就称为企业集群的"生态平衡"(持续性生存).生态平衡是相对的平衡、动态的平衡,是系统的各组成部分之间、集群与外界之间旧的平衡不断被打破、新的平衡不断被建立的过程,绝对的平衡则意味着没有变化和发展.

共生是指由于生存需要,生物间按照某种模式互相依存和相互作用生活在一起,形成共同生存、协同进化的生存关系.生态系统作为相互依赖的系统,重要的不是种群个体,而是种群个体之间的相互关系.某种生物的生存进化与另一些生物的生存进化相互关联,它们之间相互影响和相互作用,形成一个相互依赖、相互调节的共生系统.企业集群,作为企业间的一种特殊的共生联合方式,通过竞争、合作、上下游互补等互动形式,在某一产业或产品生产中形成具有竞争优势的群体,通过互利共存、优势互补等形成具有共同目标的企业利益共同体.然而,在一定的经济环境下,企业集群发展不可避免地受一些外界因素的干扰,从而失去生态平衡,为了使被破坏的生态平衡加速恢复到平衡态或者调整平衡态到新的位置等,企业集群的反馈控制方法得以应用.另外,如企业重组、股市涨跌、资金调配,甚至火灾等自然灾害可能在短时间内发生,从而使企业产出水平出现瞬时变化,即表现出脉冲效应.同时,在现实生活中,由于技术专利保护、制度和信息不对称、地域生产变化等因素的影响,时间滞后现象也是客观存在的.因此,考虑到诸如脉冲效应、反馈控制、时滞、概周期环境等因素影响的企业集群系统更符合客观实际.我们关心的问题是什么样的条件下企业集群能够持续共生,从而保持市场稳定.控制变量和时滞等因素是

否会对企业集群系统的持久性产生影响等问题.通过对模型的定性分析,进一步解决这些问题.当前对企业集群的研究更侧重于寻找企业集群持久共生的条件,使集群企业能够保持强劲的生命力和长期发展的稳定势态,如文献[23]—[27]中所述.

二、生物种群研究

种群生态学作为生物数学的一个重要分支,是迄今为止数学科学知识在生物种群研究中应用得最为广泛和深入,发展得最为系统和成熟的分支.生物种群乃至普遍的生态学的研究常可用积分方程、差分方程、泛函微分方程、脉冲微分方程、随机微分方程、偏微分方程等来进行描述.对种群生态学的研究最早可追溯到 16 世纪,1900 年意大利著名数学家 V. Volterra 在罗马大学的一次题为"应用数学于生物和社会科学的尝试"的演讲,是生物数学发展的一个里程碑.后来,1926 年 Volterra 发表了解释 Finme 港鱼群变化规律的论文,提出了著名的 Lotka-Volterra 模型,使生物数学的发展一度达到了高潮.近几十年来,许多学者在人口控制、种群动力学、传染病控制等领域提出了各种各样的 Lotka-Volterra 模型,有大量的结果集中在对模型持续性生存、灭绝性、周期解的存在性和稳定性的研究上.

在自然界中,种群受自然资源的限制、生存环境的影响、种群竞争的影响而面临各种各样的生存危机,遵循适者生存的进化原则,一些弱势种群将会灭亡,最终种群间形成竞争、合作、捕食与被捕食等共生关系,建立起一种稳定的动态生态系统.生态系统中,持久性(即持续性生存)意味着系统内的种群可以持续共存,不会灭绝.持久性的概念最早是由 Freedman 和 Waltman 等人提出的,是生态学中的重要概念,自 20 世纪 70 年代提出以后,人们对它产生了极大的兴趣,并开始研究种群生态系统的持久性问题.生态系统中,种群规模能否达到一种动态的平衡,随着自然灾害、恶性竞争、过度捕捞以及传染病等因素影响,种群是否会减少甚至灭绝,种群能否持续生存以及种群之间能否持久共存、稳定发展,这些都是人们普遍关心的问题,为此种群系统的持久性和稳定性的动力学行为研究成了生物数学研究中的重要课题[28-40].

近年来,为了使被破坏的生态系统加速恢复到平衡态,或者调整平衡态到新的位置等,种群生态系统的反馈控制方法得到应用,反馈可分为正反馈和负反馈,两者的作用是相反的,负反馈对系统的自我调节更具有重要的意义.近年来,不少学者对具有反馈控制的生态系统的动力学性质(如周期性、概周期性、稳定性与吸引性、持续生存性等)进行了深入研究[32-45].另一方面,对于生态系统而言,系统在某时刻的状态不仅受到当时各种群间关系的影响,而且也受到历史因素的影响,即时滞效应的影响,在生态系统中考虑时滞因素能更准确地描述种群系统的变化和发展,所建立的模型能更好地接近实际的生态背景,使对种群的预测和控制更准确.对时滞种群生态模型的研究已经有很多好的研究成果[46-53].本书考虑具时滞与反馈控制的非自治种群合作系统,研究时滞和反馈控制因素对系统动力学行为的影响,具有重要的理论和现实意义.

作为周期函数的推广,概周期函数理论是由丹麦数学家 Harald Bohr 在研究 Dirichlet 级数时于 1924—1926 年首先建立起来的.一经提出,就引起数学工作者的广泛关注.一方面,由于概周期现象较周期现象更为常见,考察概周期现象比考察周期现象更切合实际,比如天体运转、生态系统以及市场供需规律等;另一方面,周期解的存在性与概周期解的存在性有着本质的区别,如对于周期系统(包括常微分方程和泛函微分方程),解的最终有界性蕴含周期解的存在性,而对概周期系统则不成立,即使概周期解是有界或最终有界,仍然不能保证概周期解的存在.全体周期函数在任何范数下都不能构成 Banach 空间,而概周期函数的全体按上确界范数却能构成 Banach 空间.这就意味着概周期函数比周期函数有更广阔的应用前景.往后,概周期函数理论的发展密切地联系着常微分方程、稳定性理论和动力系统,其应用范围不仅仅限于常微分方程和古典动力系统,也涉及泛函微分方程、Banach 空间中的抽象微分方程以及广泛的偏微分方程(参看文献[54]—[60]).不论是常微分方程还是泛函微分方程,概周期系统都是介于周期系统和一般的非自治系统之间的极其重要的一类,由于它具有广泛的实际背景(如天体力学和非线性振动的问题)而显示出其生命力,特别是对生态模型的概周期解的研究,近年来成为生物数学研究的重要内容之一,其研究的主要方法有壳理论、不动点方法(压缩不动点、Schauder 不动点、锥不动点等)、渐近概周期函数法、指数二分法、李雅普诺夫函数法、上下解方法、比较法、平均法等.现有对概周期问题的研究集中在讨论系统概周期解的存在性、唯一性和稳定性上,更多关于概周期系统和概周期解的研究可参看文献[61]—[76]及相关参考文献.

Stefan Hilger 于 1990 年在其博士论文中提出了时间尺度理论.时间尺度 $\mathbb{T}$ 就是实数集 $\mathbf{R}$ 的一个非空闭子集,其拓扑是由 $\mathbf{R}$ 诱导的拓扑.两个最广泛的时间尺度的例子就是 $\mathbb{T} = \mathbf{R}$ 和 $\mathbb{T} = \mathbf{Z}$.时间尺度理论丰富、拓展和统一了微分方程理论和差分方程理论,使得时间尺度上的动力学方程涵盖和统一了经典的微分方程和差分方程,搭建了连续分析和离散分析的桥梁[77-82].众所周知,离散和连续系统在实际应用中都有各自的重要作用,但是分别讨论离散系统和连续系统的定性性态又是十分烦琐的过程.时间尺度理论将二者统一在一起.时间尺度理论不仅能够统一离散系统和连续系统,而且还包含了许多更为复杂的情况,比如离散和连续的混合系统.因此,时间尺度理论在应用上具有巨大的潜力,自 Stefan Hilger 的理论提出后,引起越来越多学者的关注,成为近些年研究的热点[83-92].它在现实生活中的某些数学模型以及物理学、化工技术、种群动力学、生物学、经济学、神经网络和社会科学的研究中发挥着巨大的作用,也使研究时间尺度上的概周期系统成为可能.到目前为止,时间尺度上概周期系统的研究结果还很少[93-98],时间尺度上概周期系统的研究还处在起步阶段.本书在将时间尺度理论、概周期理论、种群竞争因素、传染病因素以及反馈控制因素等引入种群生态系统方面做出了有益的尝试.

1.2　研究内容和思路

本书在对国内外企业集群和生物种群的理论研究成果的基础上,以种群共生理论为基础,对企业种群和生物种群的集群组织及成员间的关系进行分析,针对成员间的竞争、合作、竞争与合作、寄生、偏利等共生关系,探讨集群共生现象.考虑影响集群发展的多种因素,对几类描述企业集群和生物种群的动态发展过程的数学模型进行了研究,利用时间尺度理论、概周期函数理论、Lyapunov 函数法、比较原理、微分不等式和积分不等式等,对维持共生关系的集群系统的持久性和稳定性进行研究.本书内容共分为 7 章,主要内容如下:

第 1 章,介绍研究的背景、内容和意义.

第 2 章,介绍研究需要用到的相关记号、概念及引理.

第 3 章,考虑一类具时滞和反馈控制的企业集群的竞争与合作模型,通过使用微分方程比较原理和一个新的积分不等式,获得了系统持久性的充分条件.结果显示:时滞、反馈控制以及企业的初始产量都与系统的持久性有关.进一步从经济学的角度简要解释得到的结果,提出一些企业发展的建议.同时举例说明理论结果的可行性.

第 4 章,考虑一类具时滞和反馈控制的企业集群与第三方物流的依托型共生模型,利用文献[28]中的研究方法以及微分不等式,获得了系统持久性的充分条件.结果显示:系统的持久性不仅与时滞有关,也与反馈控制有关.进一步对得到的结果作出简要的经济解释,提出对企业集群与第三方物流发展的建议.同时举例说明理论结果的可行性.

第5章,以企业演化的相关理论,如共生理论、企业生命周期理论、企业生态学理论、协同进化理论等为基础,考虑到企业自身发展的生命周期以及与其余成员之间的不同互动关系,借鉴种群生态模型,建立了一类具有不同发展阶段和共生模式的企业集群系统,利用概周期理论、微分方程比较原理和Lyapunov函数,得到了保证该系统的持久性、概周期解的存在唯一性和一致渐近稳定性的充分条件,获得了一些新的结果,并对结果作出简要的经济解释,提出企业发展的建议.同时举例说明理论结果的可行性.

第6章,考虑一类具时滞和反馈控制的非自治种群互惠共生系统,通过细致的分析,得到了保证该系统持久性的一系列易于验证的充分条件.结果显示:系统的持久性不需要对系统中的时滞和反馈控制加以限制,即时滞和反馈控制与系统的持久性无关,有效推广了前人的研究成果.进一步举例说明理论结果的可行性.

第7章,本章研究一类具非线性饱和传染力的时间尺度上的概周期Schoener种群竞争模型,考虑种群内的竞争、传染病和反馈控制等因素,利用时间尺度上的概周期函数理论和构造Lyapunov函数的方法,获得了时间尺度上保证该系统持久性和概周期解的存在唯一性以及一致渐近稳定性的充分条件,并举例说明结果的可行性.

第 2 章　预备知识

为了方便证明本书的主要结果,本章先介绍一些相关的记号、定义和引理.

2.1　微分不等式

记 $\mathbf{R}^+ = [0, +\infty)$,$C$ 是所有有界连续函数 $f: \mathbf{R} \to \mathbf{R}$ 的集合,$C_+ = \{f \in C \mid f > 0\}$. 对有界连续函数 $g(t)$,$t \in [0, +\infty)$,记

$$g^M = \sup_{0 \leqslant t < +\infty} g(t), \quad g^L = \inf_{0 \leqslant t < +\infty} g(t)$$

证明本文的相关理论结果,需要用到下面的一些不等式引理:

引理 2. 1[28]   设 $y(t) > 0$, 且满足

$$\frac{\mathrm{d}y(t)}{\mathrm{d}t} \leqslant y(t)\left[\lambda - \sum_{l=0}^{k} \mu^l y(t - l\tau)\right]$$

及初始条件 $y(t) = \phi(t) \geqslant 0, t \in [-k\tau, 0), \phi(0) > 0$, 其中

$$\lambda > 0, \mu^l \geqslant 0, l = 0, 1, \cdots, k, u = \sum_{l=0}^{k} \mu^l > 0$$

是常数,那么存在一个正常数 $K_y < +\infty$, 使得

$$\limsup_{t \to +\infty} y(t) \leqslant K_y = \frac{\lambda}{\mu} \exp\{\lambda k\tau\} < +\infty \qquad (2.1.1)$$

引理 2. 2[28]   设 $y(t) > 0$, 且满足

$$\frac{\mathrm{d}y(t)}{\mathrm{d}t} \geqslant y(t)\left[\lambda - \sum_{l=0}^{k} \mu^l y(t - l\tau)\right]$$

如果式(2.1.1)成立,那么存在常数 $k_y > 0$, 使得

$$\liminf_{t \to +\infty} y(t) \geqslant k_y = \frac{\lambda}{\mu} \exp\{(\lambda - \mu K_y)k\tau\} > 0$$

其中, $u = \sum_{l=0}^{k} \mu^l > 0, \lambda > 0.$

引理 2. 3[32]   设 $a > 0, b > 0,$

(i)若 $\dfrac{\mathrm{d}x}{\mathrm{d}t} \geqslant b - ax$, 则当 $t \geqslant 0$ 且 $x(0) > 0$ 时,有

$$\liminf_{t \to +\infty} x(t) \geqslant \frac{b}{a}$$

(ii)若 $\dfrac{\mathrm{d}y}{\mathrm{d}t} \leqslant b - ax$, 则当 $t \geqslant 0$ 且 $x(0) > 0$ 时,有

$$\limsup_{t \to +\infty} x(t) \leqslant \frac{b}{a}$$

引理 2. 4[33]   设 $a > 0, b(t) > 0$ 是一个有界连续函数,且 $x(0) > 0$,进一步假设

$$\frac{\mathrm{d}x(t)}{\mathrm{d}t} \leqslant b(t) - ax(t)$$

那么,对所有的 $t \geqslant s \geqslant 0$,有

$$x(t) \leqslant x(t - s) \exp\{-as\} + \int_{t-s}^{t} b(r) \exp\{a(r - t)\} \mathrm{d}r$$

特别地,如果 $b(t) > 0$ 有上界 M,那么

$$\limsup_{t \to +\infty} x(t) \leqslant \frac{M}{a}$$

引理 2.5[38]　$x'(t) \leqslant x(t)[a(t) - b(t)x(t)]$ 的任何正解满足

$$\limsup_{t \to +\infty} x(t) \leqslant \frac{a^M}{b^L}$$

其中 $a \in C, a^M > 0, b \in C_+$.

特别地,当 $a(t) \equiv a > 0, b(t) \equiv b > 0$,那么

$$\limsup_{t \to +\infty} x(t) \leqslant \frac{a}{b}$$

引理 2.6[38]　$x'(t) \geqslant x(t)[a(t) - b(t)x(t)]$ 的任何正解满足

$$\liminf_{t \to +\infty} x(t) \geqslant \frac{a^L}{b^M}$$

其中 $a \in C_+, b \in C_+$.

特别地,当 $a(t) \equiv a > 0, b(t) \equiv b > 0$,那么

$$\liminf_{t \to +\infty} x(t) \geqslant \frac{a}{b}$$

2.2　概周期函数

首先,介绍概周期函数及其相关概念.

定义 2. 1[55]   实数集 **R** 的一个子集 E 是相对稠密的,如果存在常数 $l > 0$, 使得对任意的 $a \in \mathbf{R}$, 有

$$[a, a + l] \cap E \neq \varnothing$$

考虑定义在 **R** 上的实值或复值连续函数 $f(t)$, 记 $f(t) \in C(\mathbf{R}, \mathbf{R})$ 或 $f(t) \in C(\mathbf{R}, C)$. $C(\mathbf{R}, X)$ 则表示 $C(\mathbf{R}, \mathbf{R})$ 或 $C(\mathbf{R}, C)$.

定义 2. 2[55] $f(t) \in C(\mathbf{R}, X)$ 称为是(Bohr)概周期的,如果对任意的 $\varepsilon > 0$, 都存在相对稠密集 E_ε, 满足

$$|f(t + \tau) - f(t)| < \varepsilon, t \in \mathbf{R}, \tau \in E_\varepsilon$$

研究概周期微分方程

$$\frac{\mathrm{d}x}{\mathrm{d}t} = f(t, x)$$

的概周期解的存在性问题时,需要考虑含参数 x 的关于 t 是概周期解的函数 $f(t, x)$. 以 E^n 表示 $\mathbf{R}^n$ 或者 C^n, $|\cdot|$ 表示 E^n 中范数, D 是 E^n 中开集或 $D = E^n$, $C(\mathbf{R} \times D, E^n)$ 表示定义在 $\mathbf{R} \times D$ 上取值于 E^n 中的连续函数类, $(t, x) \in \mathbf{R} \times D$.

定义 2. 3[55]   设 $f(t, x) \in C(\mathbf{R} \times D, E^n)$, 称 $f(t, x)$ 对 $x \in D$ 关于 t 是一致概周期的,简称一致概周期函数,即 $f(t, x)$ 是概周期函数,对 $x \in D$ 是一致的. 如果对任意给定的 $\varepsilon > 0$ 和 D 中任一紧集 S, 都存在相对稠密集 E_ε, 满足

$$|f(t + \tau, x) - f(t, x)| < \varepsilon, t \in \mathbf{R}, \tau \in E_\varepsilon, x \in S$$

为了简单起见,以 α 表示序列 α_n, 如果序列 $\beta = \beta_n$ 是序列 α 的子列,则简记为 $\beta \subset \alpha$, 序列 α 和 β 是实数序列 $\alpha' = \{\alpha'_n\}$ 和 $\beta' = \{\beta'_n\}$ 的公共子序列,亦即 α 和 β 分别是 α' 和 β' 的有相同下标的子序列,即 $\alpha_k = \alpha'_{n_k}, \beta_k = \beta'_{n_k}, k = 1, 2, \cdots$. 另外,如果极限 $\lim_{n \to \infty} f(t + \alpha_n)$ 存在,用 $T_\alpha f(t) = g(t)$ 表示,即 $\lim_{n \to \infty} f(t + \alpha_\alpha) = g(t)$, 此处的 T 称为移位算子.

接下来介绍概周期函数的如下性质:

引理 2. 7[55]   设函数 $f \in C(\mathbf{R}, X)$ 是概周期解的,则对任意实数序列

α'，存在子序列 $\alpha \subseteq \alpha'$ 使得 $T_\alpha f(t)$ 在 $\mathbf{R}$ 上一致存在. 反之亦然.

引理 2.8[55]　设函数 $f(t,x) \in C(\mathbf{R} \times D, \mathbf{R}^n)$ 对 $x \in D$ 关于 t 是一致概周期的, 则 $f(t,x)$ 在 $\mathbf{R} \times S$ 上是有界的和一致连续的, 其中 $S \subset D$ 是紧集.

引理 2.9[55]　设函数 $f(t,x) \in C(\mathbf{R} \times D, \mathbf{R}^n)$ 对 $x \in D$ 关于 t 是一致概周期的, $S \subset D$ 是紧的, 则对任意实数序列 α', 存在子序列 $\alpha \subset \alpha'$, 使得
$$T_\alpha f(t,x) =: \lim_{n \to \infty} f(t + \alpha_n, x)$$ 在 $\mathbf{R} \times S$ 上一致收敛.

引理 2.10[55]　设函数 $D \subseteq \mathbf{R}^n$ 是开集, $f(t,x)$ 对 $x \in D$ 关于 t 是一致概周期的, 则对任一实数序列 α', 存在子序列 $\alpha \subset \alpha'$ 以及连续函数 $g(t,x)$, 使得在 $\mathbf{R} \times S$ 上一致地有 $T_\alpha f(t,x) = g(t,x)$, 其中 $S \subset D$ 是紧的, 并且 $g(t,x)$ 也是对 $x \in D$ 关于 t 一致概周期的.

引理 2.11[55]　设函数 $f(t,x) \in C(\mathbf{R} \times D, \mathbf{R}^n)$, 对任一实数序列 α', 存在子序 $\alpha \subset \alpha'$, 使得 $T_\alpha f(t,x)$ 在 $\mathbf{R} \times S$ 上一致收敛, $S \subset D$ 是紧的, 则 $f(t,x)$ 对 $x \in D$ 关于 t 是一致概周期的.

由上述引理可见, 若函数 $f(t,x) \in C(\mathbf{R} \times D, \mathbf{R}^n)$ 对 $x \in D$ 关于 t 是一致概周期的, $f(t,x)$ 的每个分量也是一致概周期的, 反之亦然.

引理 2.12[55]　设函数 $f(t,x) \in C(\mathbf{R} \times D, \mathbf{R}^n)$, $g(t,x) \in C(\mathbf{R} \times D, \mathbf{R})$ 对 $x \in D$ 关于 t 是一致概周期的, 则 $cf(t,x)$ (c 是常数), $f^2(t,x)$, $f(t,x) + g(t,x)$ 以及 $f(t,x)g(t,x)$ 对 $x \in D$ 关于 t 是一致概周期的, 且若
$$\inf_{t \in R, x \in S} |g(t,x)| = m(s) > 0,$$ 其中 $S \subset D$ 是紧集, 则 $\dfrac{f(t,x)}{g(t,x)}$ 对 $x \in D$ 关于 t 也是一致概周期的.

引理 2.13[55]　设函数 $f_k(t,x) \in C(\mathbf{R} \times D, \mathbf{R}^n)$ 对 $x \in D$ 关于 t 是一致概周期的, 且序列 $\{f_k(t,x)\}$ 在 $\mathbf{R} \times S$ 上一致收敛于函数 $f(t,x)$, $S \subset D$ 是紧的, 则 $f(t,x)$ 对 $x \in D$ 关于 t 是一致概周期的.

引理 2.14[55]　设概周期函数 $f(t)$ 可微, 则导函数 $f'(t)$ 是概周期函数当且仅当 $f'(t)$ 在 $\mathbf{R}$ 上一致连续.

2.3 概周期时间尺度

时间尺度及概周期时间尺度的相关概念和性质的详细介绍可参见文献[93]和文献[94]. 我们首先从前跳跃算子和后跳跃算子开始,陈述一些时间尺度及概周期时间尺度的重要概念和性质.

定义 2.4[77] 设 $\mathbb{T}$ 是 $\mathbf{R}$ 的一个非空闭子集(时间尺度). 对 $\mathbf{R}$ 的任意子集 I, 记 $I_{\mathbb{T}} = I \cap \mathbb{T}$, 前跳算子和后跳算子 $\sigma, \rho : \mathbb{T} \to \mathbb{T}$ 以及粗细度 $\mu : \mathbb{T} \to \mathbf{R}_{+}$ 分别定义为

$$\sigma(t) = \inf\{s \in \mathbb{T} : s > t\}, \rho(t) = \sup\{s \in \mathbb{T} : s < t\}, \mu(t) = \sigma(t) - t$$

一个点 $t \in \mathbb{T}$ 称作是左稠密的,如果 $t > \inf \mathbb{T}$ 且 $\rho(t) = t$; 称作是左离散的,如果 $\rho(t) < t$; 称作是右稠密的,如果 $t < \sup \mathbb{T}$ 且 $\sigma(t) = t$; 称作是右离散的,如果 $\sigma(t) > t$. 如果 $\mathbb{T}$ 有一个左离散的最大值 m, 那么 $\mathbb{T}^{\kappa} = \mathbb{T} - \{m\}$, 否则 $\mathbb{T}^{\kappa} = \mathbb{T}$.

当 $a, b \in \mathbb{T}, a < b$ 时,用 $[a,b]_{\mathbb{T}}, [a,b)_{\mathbb{T}}$ 和 $(a,b]_{\mathbb{T}}$ 表示 $\mathbb{T}$ 中的区间,即

$$[a,b]_{\mathbb{T}} = [a,b] \cap \mathbb{T}$$

$$[a,b)_{\mathbb{T}} = [a,b) \cap \mathbb{T}$$

$$(a,b]_{\mathbb{T}} = (a,b] \cap \mathbb{T}$$

注意到,如果 b 是左稠密点,则 $[a,b]_{\mathbb{T}}^{\kappa} = [a,b]_{\mathbb{T}}$; 如果 b 是左离散点,则

$$[a,b]_{\mathbb{T}}^{\kappa} = [a,b)_{\mathbb{T}} = [a,\rho(b)]_{\mathbb{T}}$$

定义 2.5[77]　函数 $f:\mathbb{T}\to\mathbf{R}^N$ 是 rd-连续(右稠密连续)的,如果其在 $\mathbb{T}$ 中的右稠密点处连续,且在 $\mathbb{T}$ 中左稠密点处的左极限存在.

定义 2.6[77]　称函数 $w:\mathbb{T}\to\mathbf{R}$ 是回归的,如果
$$1+\mu(t)w(t)\neq 0,\quad\forall t\in\mathbb{T}^{\kappa}$$

进一步,称函数 $f:\mathbb{T}\to\mathbf{R}$ 是正回归的,如果对所有的 $t\in\mathbb{T}$ 都有 $1+\mu(t)f(t)>0$ 成立.

记 $\mathcal{R}^+$ 是由 $\mathbb{T}$ 到 $\mathbf{R}$ 的所有正回归 rd-连续函数的集合,即
$$\mathcal{R}^+=\mathcal{R}^+(\mathbb{T},\mathbf{R})=\{f\in\mathcal{R}:1+\mu(t)f(t)>0,\quad\forall t\in\mathbb{T}\},$$
其中 $\mathcal{R}=\mathcal{R}(\mathbb{T},\mathbf{R})$ 为所有回归且右稠密连续函数构成的集合.

定义 2.7[77]　假设函数 $f:\mathbb{T}\to\mathbf{R}$,并且 $t\in\mathbb{T}^{\kappa}$. 定义 $f^{\Delta}(t)$(如果存在)是具有如下性质的数:给定 $\varepsilon>0$,存在 t 的邻域 U(即对某一实数 $\delta>0,U=(t-\delta,t+\delta)\cap\mathbb{T}$)使得
$$|[f(\sigma(t))-f(s)]-f^{\Delta}(t)[\sigma(t)-s]|\leqslant\varepsilon|\sigma(t)-s|,\quad\forall s\in U$$
称 $f^{\Delta}(t)$ 为函数 f 在点 t 处的 Δ-导数. 函数 f 在 $\mathbb{T}^{\kappa}$ 上是 Δ-可导的,如果对所有的 $t\in\mathbb{T}^{\kappa},f^{\Delta}(t)$ 都存在,函数 $f^{\Delta}:\mathbb{T}^{\kappa}\to\mathbf{R}$ 称为函数 f 在 $\mathbb{T}^{\kappa}$ 上的 Δ-导函数.

定义 2.8[93]　时间尺度 $\mathbb{T}$ 称为概周期时间尺度,如果
$$\prod:=\{\tau\in\mathbf{R}:t\pm\tau\in\mathbb{T},\forall t\in\mathbb{T}\}\neq\{0\}$$

定义 2.9[93]　设 $\mathbb{T}$ 是一个概周期时间尺度,函数 $f:\mathbb{T}\to\mathbf{R}^n$ 称为在 $\mathbb{T}$ 上是概周期的,如果对任意的 $\varepsilon>0$,集合
$$E(\varepsilon,f)=\left\{\tau\in\prod:|f(t+\tau)-f(t)|<\varepsilon,\forall t\in\mathbb{T}\right\}$$
在 $\mathbb{T}$ 中是相对紧的. 也就是说,对任意的 $\varepsilon>0$,存在常数 $l(\varepsilon)>0$,使得在每一个长度为 $l(\varepsilon)$ 的区间内都至少有一个 $\tau\in E(\varepsilon,f)$,使得
$$|f(t+\tau)-f(t)|<\varepsilon,\quad\forall t\in\mathbb{T}$$
集合 $E(\varepsilon,f)$ 称为 $f(t)$ 的 ε-移位数集或 ε-概周期集,τ 称为 $f(t)$ 的 ε-移位数或 ε-概周期集,$l(\varepsilon)$ 称为 $E(\varepsilon,f)$ 的包含区间长.

接下来,引入时间尺度上概周期函数的性质.

引理 2. 15[93] $f(t)$ 是 $\mathbb{T}$ 上的概周期函数,当且仅当对任意的序列 $\{\tau_n'\} \subset \mathbb{T}$,存在一个子列 $\{\tau_n\} \subset \{\tau_n'\}$,使得当 $n \to \infty$ 时,$f(t + \tau_n)$ 在 $t \in \mathbb{T}$ 上一致收敛,且其极限函数也是一个概周期函数.

对应于微分不等式的相关结果,在时间尺度上有如下不等式成立:

引理 2. 16[96]   设 $-a \in \mathcal{R}^+$.

（ⅰ）如果 $x^\Delta(t) \leqslant b - ax(t)$,则当 $t > t_0$ 时,

$$x(t) \leqslant x(t_0)e_{(-a)}(t,t_0) + \frac{b}{a}[1 - e_{(-a)}(t,t_0)]$$

特别地,如果 $a > 0, b > 0$ 有 $\lim\limits_{t \to +\infty} \sup x(t) \leqslant \dfrac{b}{a}$

（ⅱ）如果 $x^\Delta(t) \geqslant b - ax(t)$,则当 $t > t_0$ 时,

$$x(t) \geqslant x(t_0)e_{(-a)}(t,t_0) + \frac{b}{a}[1 - e_{(-a)}(t,t_0)]$$

特别地,如果 $a > 0, b > 0$ 有

$$\lim\limits_{t \to +\infty} \inf x(t) \geqslant \frac{b}{a}$$

接下来,考虑下面的方程:

$$x^\Delta(t) = f(t,x), t \in \mathbb{T} \tag{2.3.1}$$

其中 $f: \mathbb{T} \times \mathbb{S}_B \to \mathbf{R}$,$\mathbb{S}_B = \{x \in \mathbf{R}: \|x\|_0 < B\}$,$\|x\|_0 = \sup\limits_{t \in \mathbb{T}} |x(t)|$,$B > 0$ 是一个常数,$f(t,x)$ 对 $x \in \mathbb{S}_B$ 关于 t 是一致概周期的,且对 x 是连续的,为寻求式(2.3.1)的解,我们考虑式(2.3.1)的积系统如下:

$$x^\Delta(t) = f(t,x), y^\Delta(t) = f(t,y)$$

并有如下引理:

引理 2. 17[96]   设 Lyapunov 函数 $V(t,x,y)$ 定义在 $\mathbb{T}^+ \times \mathbb{S}_B \times \mathbb{S}_B$ 上,满足:

（ⅰ）$a(\|x - y\|_0) \leqslant V(t,x,y) \leqslant b(\|x - y\|_0)$,其中 $a,b \in \mathcal{K}$,

$\mathcal{K} = \{a \in C(\mathbf{R}^+, \mathbf{R}^+) : a(0) = 0$ 且 a 是递增的$\}$;

（ⅱ）$|V(t,x,y) - V(t,x_1,y_1)| \leqslant L(\|x - x_1\|_0 + \|y - y_1\|_0)$，其中 $L > 0$ 是一个常数；

（ⅲ）$D^+ V^\Delta_{(2.3.1)}(t,x,y) \leqslant -cV(t,x,y)$ 其中 $c > 0$ 是一个常数，$-c \in \mathbf{R}^+$.

如果式$(2.3.1)$对 $t \in \mathbb{T}^+$ 有解 $x \in \mathbb{S}$，其中 $\mathbb{S} \subset \mathbb{S}_B$ 是一个紧集，则式 $(2.3.1)$ 有唯一的概周期解 $p(t) \subset \mathbb{S}$，且它是一致渐近稳定的. 特别地，对于 $x \in \mathbb{S}_B$，如果 $f(t,x)$ 关于 t 是 ω- 周期的，则 $p(t)$ 也是 ω- 周期的周期解.

第3章 具时滞与反馈控制的企业集群竞争与合作模型的持久性

3.1 引 言

经大量观察发现,企业集群与生物种群有一定的相似性. 近期,国内外有许多杂志从生态学角度来研究企业集群,提出了一些相关的数学模型,引发了使用生态理论和动力系统理论研究企业集群的热潮,如文献[23]、[24]、[26]、[27].

我们知道,在生物种群中既有竞争也有合作,如不同生物个体之间为争夺有限的资源进行竞争,而在抵御外敌时又进行合作. 企业集群中竞争与合作也是同时存在的. 由于地理集中,企业在熟练劳动力、资本、公共基础设施和政策支持等方面存在着直接的竞争关系,企业彼此的接近和了解使他们的相互影响加强,这种持续竞争的压力也成为企业集群发展的动力,使得企业不断地改进现有技术并发展创新,提升产品质量,促进产业升级. 集群不仅加剧了企业间的竞争,也促进了企业间的合作. 竞争并不排斥合作,企业之间存在着多种形式的合作,如信息联合、联合开发新产品、建立生产供应链等.

在文献[9]中,作者基于种群生态模型考虑了如下企业集群的竞争与合作模型:

$$\begin{cases} x_1'(t) = r_1 x_1(t)\left[1 - \dfrac{1}{K}x_1(t) - \dfrac{1}{K}\alpha(x_2(t) - b_2)^2\right] \\[3mm] x_2'(t) = r_2 x_2(t)\left[1 - \dfrac{1}{K}x_2(t) - \dfrac{1}{K}\beta(x_1(t) - b_1)^2\right] \end{cases}$$

其中, $x_1(t)$, $x_2(t)$ 分别表示企业 A 和 B 在 t 时刻的产出水平, r_i, b_i, K, α, β 是正的常数($i = 1,2$), r_1, r_2 表示它们的内部增长率, K 反映了资源丰富的程度[称为环境容纳量,因为在给定的一段时间里,某一地域空间里,假定要素禀赋(包括技术、原材料、劳动力、资本和市场规模等)一定,因此假设 K 是有限的常数,它表示的是企业在独立状态下由环境所决定的最大产出水平,这里隐含的另一个假设是每个企业的产量增长率随着产出水平的提高而下降并将趋于零], α 表示企业 B 对企业 A 的竞争效应, β 表示企业 A 对企业 B 产出水平的贡献率, b_1, b_2 分别表示 A 和 B 两企业各自的初始产量.

令 $a_1 = \dfrac{r_1}{K}$, $a_2 = \dfrac{r_2}{K}$, $c_1 = \dfrac{\alpha}{K}$, $c_2 = \dfrac{\beta}{K}$, 则以上系统变为

$$\begin{cases} x_1'(t) = x_1(t)\left[r_1 - a_1 x_1(t) - c_1(x_2(t) - b_2)^2\right] \\[2mm] x_2'(t) = x_2(t)\left[r_2 - a_2 x_2(t) + c_2(x_1(t) - b_1)^2\right] \end{cases}$$

然而,上述模型为自治系统,没有考虑时间对产品增长率等系数的影响,且模型在建立时没有考虑集群内企业间相互影响的时间滞后因素,如技术专利保护、信息、制度制定、地域生产氛围等变化对企业影响的时间滞后. 在现实生活中,时滞现象是客观存在的. 另一方面,与自然界的生态系统一样,位于一个区

域内的企业集群也是一个相互联系、相互制约的统一综合体. 在这个复杂的系统中,每一个企业都有其特定的位置(生态位),并与周围企业建立密切的联系,当集群中内部成员之间的竞争与互利关系达到了平衡,就能在一定的时间内保持相当数量的相关企业的空间聚集,并形成一定的产出规模. 如果集群能够长期维持这种均衡状态,就称为企业集群的生态平衡(持续性生存). 在一定的经济环境下,企业集群发展不可避免地受一些外界因素的干扰,从而失去生态平衡. 为了使被破坏的生态平衡加速恢复到平衡态,或者调整平衡态到新的位置等,企业集群的反馈控制方法得以应用,现实中我们感兴趣的是企业集群能否抑制住这些外界干扰因素而保持生态平衡,我们称这样的干扰函数为控制变量. 对具有反馈控制的企业集群系统的研究越来越受到人们的关注,为了使模型结构清晰,研究问题方便,我们将企业集群中众多企业间的关系简化为两个企业间的关系,同时认为企业集群中两个同类企业之间既存在竞争关系,又存在合作关系. 接下来,我们研究如下的一类具时滞与反馈控制的企业集群的竞争与合作模型:

$$
\begin{cases}
\dfrac{\mathrm{d}x_1(t)}{\mathrm{d}t} = x_1(t)\Big[r_1(t) - \sum_{i=0}^{m} a_1^i(t)x_1(t-i\tau) - \gamma_1(t)(x_2(t)-b_2)^2 \\
\qquad\qquad - q_1(t)\displaystyle\int_{-\delta_1}^{0} F_1(s)u_1(t+s)\mathrm{d}s \Big] \\[2mm]
\dfrac{\mathrm{d}x_2(t)}{\mathrm{d}t} = x_2(t)\Big[r_2(t) - \sum_{j=0}^{n} a_2^j(t)x_2(t-j\tau) + \\
\qquad\qquad \gamma_2(t)\displaystyle\int_{-\sigma}^{0} H(s)(x_1(t+s)-b_1)^2\mathrm{d}s \\[2mm]
\qquad\qquad - q_2(t)\displaystyle\int_{-\delta_2}^{0} F_2(s)u_2(t+s)\mathrm{d}s \Big] \\[2mm]
\dfrac{\mathrm{d}u_k(t)}{\mathrm{d}t} = -d_k(t)u_k(t) + e_k(t)x_k(t) + f_k(t)\displaystyle\int_{-\eta_k}^{0} G_k(s)x_k(t+s)\mathrm{d}s, \\
\qquad k=1,2
\end{cases}
\tag{3.1.1}
$$

考虑如下的初始条件：

$$\begin{cases} x_1(t) = \phi_1(t) \geqslant 0, t \in [-\xi, 0), \phi_1(0) > 0 \\ x_2(t) = \phi_2(t) \geqslant 0, t \in [-\xi, 0), \phi_2(0) > 0 \\ u_k(t) = \phi_{k+2}(t) \geqslant 0, t \in [-\xi, 0), \phi_{k+2}(0) > 0, k = 1, 2 \end{cases} \quad (3.1.2)$$

其中 $\xi = \max\{\delta_1, \delta_2, \eta_1, \eta_2, \sigma, m\tau, n\tau\}$, $\phi_1(t), \phi_2(t), \phi_{k+2}(t)(k = 1, 2)$ 在 $[-\xi, 0)$ 上连续, $x_1(t)$ 和 $x_2(t)$ 分别表示集群内的企业 A 和企业 B 在 t 时刻的产出水平, $r_1(t)$ 和 $r_2(t)$ 是企业 A 和企业 B 产出水平的内禀增长率（即在没有顾客、技术和环境等因素制约下, 产出水平的自然净增长率）, $a_1^i(t)$ 和 $a_2^j(t)$ 表示两企业各自的阻滞项系数（即企业产出水平达到自然市场饱和度对其自身产出水平增长的阻滞作用）, $\gamma_1(t)$ 和 $\gamma_2(t)$ 表示两企业各自对对方企业的影响系数, 其中 $\gamma_1(t)$ 是企业 B 对企业 A 的竞争系数（即企业产品种群规模在市场上由于竞争而对其他企业产品种群规模增长的限制作用）, $\gamma_2(t)$ 是企业 A 对企业 B 产出水平的贡献系数（即企业产品种群规模在市场上由于合作而对其他企业产品种群规模增长的促进作用）, b_1, b_2 表示两企业各自的初始产量, $\delta_k, \eta_k, \sigma, \tau, m, n$ 是正的常数, $F_k(s), G_k(s), H(s)$ 均为非负连续函数, 且 $\int_{-\delta_k}^0 F_k(s)\mathrm{d}s = 1, \int_{-\eta_k}^0 G_k(s)\mathrm{d}s = 1, \int_{-\sigma}^0 H(s)\mathrm{d}s = 1(k = 1, 2)$, 前两个方程刻画的是企业 A 和企业 B 的互动过程, 后两个方程是控制方程, 其中 $u_1(t)$ 和 $u_2(t)$ 是控制变量, $a_1^i(t), a_2^j(t)(i = 0, 1, \cdots, m; j = 0, 1, \cdots, n)$, $r_k(t), \gamma_k(t), q_k(t), d_k(t), e_k(t), f_k(t)(k = 1, 2)$ 是定义在 $[0, +\infty]$ 上的连续有界的正实值函数. 容易证明, 系统 (3.1.1) 满足初始条件 (3.1.2) 的解对所有的 $t \geqslant 0$ 都有 $x_k(t) > 0, u_k(t) > 0, t \geqslant 0, k = 1, 2$.

该模型可用于刻画网状模式的企业集群下企业间竞争与合作的动态过程, 比如中国的移动通信市场. 中国的移动通信市场是典型的双寡头垄断现象, 移动与联通在竞争又合作的基础上产生外部经济, 实现规模经济, 从而达到共同生存、共同发展和繁荣的目的. 事实证明,竞争与合作相结合比纯粹的恶性竞争对企业双方均有利,也对整个行业的可持续发展有利.

由于集群内部成员间的竞争与合作是推动整个集群发展的动力,自然会问:在什么样的条件下,具竞争与合作的企业集群能够得到持续的生存、发展和繁荣? 本章的主要目标就是研究系统(3.1.1)的持久性问题. 我们得到了系统持久性生存的充分条件,结果表明:时滞、反馈控制变量以及企业的初始产量都和系统的持久性有关.

定义 3.1 系统(3.1.1)是持久的,如果存在两个正的常数 m,M, 使得对系统(3.1.1)的任意解 $(x_1(t),x_2(t),u_1(t),u_2(t))^{\mathrm{T}}$ 有

$$m \leq \lim_{t\to\infty} \inf x_i(t) \leq \lim_{t\to\infty} \sup x_i(t) \leq M, i=1,2$$

$$m \leq \lim_{t\to\infty} \inf u_i(t) \leq \lim_{t\to\infty} \sup u_i(t) \leq M, i=1,2$$

3.2　主要结果

引理 3.1 假设 $a_1^{iL} > 0, a_2^{jL} > 0 (i=0,1,\cdots,m; j=0,1,\cdots,n), d_k^L > 0$ $(k=1,2)$, 令 $(x_1(t),x_2(t),u_1(t),u_2(t))^{\mathrm{T}}$ 是系统(3.1.1)的任意正解,则存在一个正常数 $\bar{M}$, 使得

$$\lim_{t\to+\infty} \sup x_k(t) \leq \bar{M}, \lim_{t\to+\infty} \sup u_k(t) \leq \bar{M}, k=1,2$$

证明: 令 $\left(x_1(t), x_2(t), u_1(t), u_2(t)\right)^{\mathrm{T}}$ 是系统 (3.1.1) 满足初始条件 (3.1.2) 的解. 对 $t \geq 0$, 由系统 (3.1.1) 的第一个方程, 得

$$\frac{\mathrm{d}x_1(t)}{\mathrm{d}t} \leq x_1(t)\left[r_1^M - \sum_{i=0}^{m} a_1^{iL} x_1(t - i\tau)\right], t \geq 0 \qquad (3.2.1)$$

利用引理 2.1, 有

$$\limsup_{t \to +\infty} x_1(t) \leq \frac{r_1^M}{\sum\limits_{i=0}^{m} a_1^{iL}} \exp\{r_1^M m\tau\} := M_1 \qquad (3.2.2)$$

接下来证明 $x_2(t)$ 有上界.

由式 (3.2.2), 存在常数 $T_1 > 0$, 使得当 $t > T_1$ 时有 $x_1(t) \leq 2M_1$. 那么, 由系统 (3.1.1) 的第二个方程, 有

$$\frac{\mathrm{d}x_2(t)}{\mathrm{d}t} \leq x_2(t)\left[r_2^M + \gamma_2^M (2M_1 - b_1)^2 - \sum_{j=0}^{n} a_2^{jL} x_2(t - j\tau)\right], t > T_1$$

利用引理 2.1, 可得到

$$\limsup_{t \to +\infty} x_2(t) \leq \frac{r_2^M + \gamma_2^M (2M_1 - b_1)^2}{\sum\limits_{j=0}^{n} a_2^{jL}} \exp\{(r_2^M + \gamma_2^M (2M_1 - b_1)^2)n\tau\} := M_2$$

$$(3.2.3)$$

那么, 存在一个 $T_2 > T_1 + \xi$, 使得当 $t > T_2$ 时有 $x_1(t) \leq 2M_1$, $x_2(t) \leq 2M_2$.

进一步, 由系统 (3.1.1), 有

$$\frac{\mathrm{d}u_k(t)}{\mathrm{d}t} \leq 2(e_k^M + f_k^M)M_k - d_k^L u_k(t), \ k = 1, 2, t > T_2$$

利用引理 2.3 (Ⅱ) 到上面的微分不等式, 有

$$\limsup_{t \to +\infty} u_k(t) \leq \frac{2(e_k^M + f_k^M)M_k}{d_k^L} := M_{k+2}, k = 1, 2 \qquad (3.2.4)$$

结合式 (3.2.2)、式 (3.2.3) 和式 (3.2.4), 令

$$\overline{M} := \max\{M_1, M_2, M_3, M_4\} \tag{3.2.5}$$

显然, $\overline{M}$ 与系统(3.1.1)的解无关,且

$$\lim_{t\to+\infty} \sup x_k(t) \leqslant \overline{M}, \lim_{t\to+\infty} \sup u_k(t) \leqslant \overline{M}, k=1,2$$

引理 3.2 假设 $r_2^L > 0, \gamma_k^L > 0, d_k^L > 0, e_k^L > 0, f_k^L > 0 (k=1,2), 2q_2^M\overline{M} < \frac{1}{2}r_2^L, \gamma_1^M(2\overline{M}-b_2)^2 < \frac{r_1^L}{2}.$ 令 $(x_1(t), x_2(t), u_1(t), u_2(t))^T$ 是系统(3.1.1)的任意正解,那么存在一个正常数 $\overline{m}$,使得

$$\lim_{t\to+\infty} \inf x_k(t) \geqslant \overline{m}, \lim_{t\to+\infty} \inf u_k(t) \geqslant \overline{m}, k=1,2$$

其中 $\overline{M}$ 如式(3.2.5)所示.

证明: 令 $(x_1(t), x_2(t), u_1(t), u_2(t))^T$ 是系统(3.1.1)满足初始条件(3.1.2)的解. 由系统(3.1.1)的第一个方程及引理3.1,存在一个常数 $T_3 > T_2 + \xi$,使得当 $t > T_3$ 时有 $x_k(t) \leqslant 2\overline{M}, u_k(t) \leqslant 2\overline{M}, k=1,2$. 那么,

$$\frac{dx_1(t)}{dt} \geqslant x_1(t)\left[r_1^L - \sum_{i=0}^{m} a_1^{iM}2\overline{M} - \gamma_1^M(2\overline{M}-b_2)^2 - 2q_1^M\overline{M}\right], t > T_3$$

$$\geqslant x_1(t)\left[-\sum_{i=0}^{m} a_1^{iM}2\overline{M} - \gamma_1^M(2\overline{M}-b_2)^2 - 2q_1^M\overline{M}\right] = x_1(t)\cdot\theta$$

$$\tag{3.2.6}$$

其中 $\theta = -2\sum_{i=0}^{m} a_1^{iM}\overline{M} - \gamma_1^M(2\overline{M}-b_2)^2 - 2q_1^M\overline{M} < 0.$

从 α 到 $t(\alpha \leqslant t)$ 积分式(3.2.6),得

$$x_1(\alpha) \leqslant x_1(t)\exp\{-\theta(t-\alpha)\} \tag{3.2.7}$$

那么,由式(3.2.7),可得

$$x_1(t+s) \leqslant x_1(t)\exp\{\theta s\}, s \leqslant 0 \tag{3.2.8}$$

由系统(3.1.1)的第三个方程,有

$$\frac{du_1(t)}{dt} \leqslant -d_1^L u_1(t) + e_1^M x_1(t) + f_1^M\int_{-\eta_1}^{0} G_1(s)x_1(t+s)ds$$

$$\leqslant - d_1^L u_1(t) + e_1^M x_1(t) + f_1^M \int_{-\eta_1}^0 G_1(s) x_1(t) \exp\{\theta s\} \mathrm{d}s$$

$$\leqslant - d_1^L u_1(t) + e_1^M x_1(t) + f_1^M \exp\{-\theta \eta_1\} x_1(t)$$

$$= (e_1^M + f_1^M \exp\{-\theta \eta_1\}) x_1(t) - d_1^L u_1(t) \qquad (3.2.9)$$

对式(3.2.9)使用引理 2.4,当 $t \geqslant \alpha > T_3 + \xi$ 时,有

$$u_1(t) \leqslant u_1(t - \alpha) \exp\{-d_1^L \alpha\} +$$

$$\int_{t-\alpha}^t (e_1^M + f_1^M \exp\{-\theta \eta_1\}) x_1(r) \exp\{d_1^L(r-t)\} \mathrm{d}r$$

$$\leqslant u_1(t - \alpha) \exp\{-d_1^L \alpha\} + (e_1^M + f_1^M \exp\{-\theta \eta_1\}) \times$$

$$\int_{t-\alpha}^t x_1(t) \exp\{-\theta(t-r)\} \exp\{d_1^L(r-t)\} \mathrm{d}r$$

$$\leqslant u_1(t - \alpha) \exp\{-d_1^L \alpha\} + (e_1^M + f_1^M \exp\{-\theta \eta_1\})$$

$$\frac{1}{\theta}(1 - \exp\{-\theta \alpha\}) x_1(t)$$

$$= u_1(t - \alpha) \exp\{-d_1^L \alpha\} + \rho x_1(t) \qquad (3.2.10)$$

其中, $\rho = \dfrac{1}{\theta}(e_1^M + f_1^M \exp\{-\theta \eta_1\})(1 - \exp\{-\theta \alpha\}) > 0$.

注意到,对足够大的 t, α,以及 $t - \alpha > T_3$,那么 $u_1(t - \alpha) \leqslant 2\bar{M}$. 这样,当 $t > T_3 + \alpha$ 时,由式(3.2.10)有

$$u_1(t) \leqslant 2\bar{M} \exp\{-d_1^L \alpha\} + \rho x_1(t)$$

结合式(3.2.8),当 $t > T_3 + \alpha + \xi$ 时,有

$$u_1(t+s) \leqslant 2\bar{M} \exp\{-d_1^L \alpha\} + \rho x_1(t+s), s \leqslant 0$$

$$\leqslant 2\bar{M} \exp\{-d_1^L \alpha\} + \rho x_1(t) \exp\{\theta s\} \qquad (3.2.11)$$

将式(3.2.11)代入系统(3.1.1)的第一个方程,对所有的 $t > T_3 + \alpha + 2\xi$,有

$$\frac{\mathrm{d}x_1(t)}{\mathrm{d}t} \geqslant x_1(t)\left[r_1^L - \sum_{i=0}^{m} a_1^{iM}x_1(t - i\tau) - \gamma_1^M(2\bar{M} - b_2)^2 -\right.$$

$$\left. q_1^M\int_{-\delta_1}^{0} F_1(s)(2\bar{M}\exp\{-d_1^L\alpha\} + \rho x_1(t)\exp\{\theta s\})\mathrm{d}s\right]$$

$$\geqslant x_1(t)\left[r_1^L - \sum_{i=0}^{m} a_1^{iM}x_1(t - i\tau) - \gamma_1^M(2\bar{M} - b_2)^2 -\right.$$

$$\left. q_1^M(2\bar{M}\exp\{-d_1^L\alpha\} + \rho\exp\{-\theta\delta_1\}x_1(t))\right]$$

$$= x_1(t)\left[r_1^L - (q_1^M\rho\exp\{-\theta\delta_1\})x_1(t) - \sum_{i=0}^{m} a_1^{iM}x_1(t - i\tau) -\right.$$

$$\left. \gamma_1^M(2\bar{M} - b_2)^2 - 2q_1^M\bar{M}\exp\{-d_1^L\alpha\}\right]$$

注意到,对足够大的 t,当 $\alpha \to +\infty$ 时,$\exp\{-d_1^L\alpha\} \to 0$. 那么,存在一个正的

常数 $\alpha_0 = \max\left\{\frac{1}{d_1^L}\ln\frac{8q_1^M\bar{M}}{r_1^L} + 1, T_3 + \xi\right\}$,使得当 $\alpha \geqslant \alpha_0$ 时,有

$$2q_1^M\bar{M}\exp\{-d_1^L\alpha\} < \frac{r_1^L}{4}$$

则当 $t > T_3 + \alpha_0 + 2\xi = T_4$ 时,有

$$\frac{\mathrm{d}x_1(t)}{\mathrm{d}t} \geqslant x_1(t)\left[\frac{r_1^L}{4} - (q_1^M\rho'\exp\{-\theta\delta_1\} + a_1^{0M})x_1(t) -\right.$$

$$\left. a_1^{1M}x_1(t - \tau) - \cdots - a_1^{mM}x_1(t - m\tau)\right] \qquad (3.2.12)$$

其中,$\rho' = \frac{1}{\theta}(e_1^M + f_1^M\exp\{-\theta\eta_1\})(1 - \exp\{-\theta\alpha_0\}) > 0$.

对微分不等式(3.2.12)使用引理 2.2,得

$$\lim_{t \to +\infty}\inf x_1(t) \geqslant m_1 = \frac{\frac{1}{4}r_1^L}{\mu}\exp\left\{\left(\frac{1}{4}r_1^L - \mu k_1\right)m\tau\right\} > 0$$

$$(3.2.13)$$

其中

$$\mu = q_1^M \rho' \exp\{-\theta\delta_1\} + \sum_{i=0}^{m} a_1^{iM} > 0$$

$$k_1 = \frac{r_1^L}{4\mu} \exp\left\{\frac{r_1^L}{4} m\tau\right\} > 0$$

由式(3.2.13),存在一个常数 $T_5 > T_4 + \xi$,使得当 $t > T_5$ 时,有 $x_1(t) \geqslant \dfrac{m_1}{2}$.

那么,由系统(3.1.1)的第二个方程,有

$$\frac{dx_2(t)}{dt} \geqslant x_2(t) \left[r_2^L + \gamma_2^L \left(\frac{m_1}{2} - b_1\right)^2 - 2q_2^M \bar{M} - \sum_{j=0}^{n} a_2^{jM} x_2(t - j\tau) \right],$$

$$t \geqslant T_5$$

对以上不等式使用引理 2.2 有

$$\liminf_{t \to +\infty} x_2(t) \geqslant m_2$$

$$= \frac{\frac{1}{2} r_2^L + \gamma_2^L \left(\frac{m_1}{2} - b_1\right)^2}{\sum\limits_{j=0}^{n} a_2^{jM}} \exp\left\{ \left[\frac{1}{2} r_2^L + \gamma_2^L \left(\frac{m_1}{2} - b_1\right)^2 - \right.\right.$$

$$\left.\left. \sum_{j=0}^{n} a_2^{jM} k_2 \right] n\tau \right\} \tag{3.2.14}$$

其中 $k_2 = \dfrac{\frac{1}{2} r_2^L + \gamma_2^L \left(\frac{m_1}{2} - b_1\right)^2}{\sum\limits_{j=0}^{n} a_2^{jM}} \exp\left\{ \left[\frac{1}{2} r_2^L + \gamma_2^L \left(\frac{m_1}{2} - b_1\right)^2 \right] n\tau \right\}$.

从上面的讨论可知,存在 $T_6 > T_5 + \xi$,使得

$$x_k(t) \geqslant \frac{1}{2} m_k, k = 1, 2, t \geqslant T_6$$

进一步由系统(3.1.1),有

$$\frac{\mathrm{d}u_k(t)}{\mathrm{d}t} \geq \frac{1}{2}(e_k^L + f_k^L)m_k - d_k^M u_k(t), \ k = 1,2, t \geq T_6$$

对以上不等式使用引理2.3(Ⅰ),得

$$\liminf_{t \to +\infty} u_k(t) \geq m_{k+2} = \frac{(e_k^L + f_k^L)m_k}{2d_k^M} > 0, k = 1,2 \quad (3.2.15)$$

结合式(3.2.13)、式(3.2.14)、式(3.2.15),令

$$\overline{m} := \min\{m_1, m_2, m_3, m_4\}$$

那么

$$\liminf_{t \to +\infty} x_k(t) \geq \overline{m}, \liminf_{t \to +\infty} u_k(t) \geq \overline{m}, k = 1,2$$

定理3.1 假设 $a_1^{iL} > 0, a_2^{jL} > 0(i = 0,1,\cdots,m; j = 0,1,\cdots,n), r_2^L > 0, \gamma_k^L > 0, d_k^L > 0, e_k^L > 0, f_k^L > 0(k = 1,2), 2q_2^M\overline{M} < \frac{1}{2}r_2^L, \gamma_1^M(2\overline{M} - b_2)^2 < \frac{r_1^L}{2}$ 成立. 令 $(x(t), u(t))^T = (x_1(t), x_2(t), u_1(t), u_2(t))^T$ 是系统(3.1.1)的任意正解,那么系统(3.1.1)是持久的,其中 $\overline{M}$ 如(3.2.5)中所定义.

证明: 结合引理3.1和引理3.2,结论显然成立.

3.3 举 例

下面的数值例子说明理论结果是可行的.

取 $m = n = 3$,考虑系统

$$
\begin{cases}
\dfrac{\mathrm{d}x_1(t)}{\mathrm{d}t} = x_1(t)\left[\dfrac{3}{4} + \dfrac{1}{4}\sin\left(\dfrac{t}{3}\right) - \left(\dfrac{1}{5} + \dfrac{1}{10}\cos t\right)x_1(t) -\right.\\[2ex]
\quad \left(\dfrac{3}{10} + \dfrac{1}{10}\sin\sqrt{2}\,t\right)x_1\left(t - \dfrac{1}{3}\right) - \left(\dfrac{7}{10} + \dfrac{1}{10}\cos\sqrt{2}\,t\right)x_1\left(t - \dfrac{2}{3}\right) -\\[2ex]
\quad \left(\dfrac{1}{5} + \dfrac{1}{10}\sin t\right)x_1(t - 1) - (0.001\,75 + 0.000\,25\ \cos\sqrt{3}\,t)\\[2ex]
\quad \left.(x_2(t) - e^{\frac{3}{2}})^2 - \sin t\int_{-\frac{\pi}{2}}^{0}\cos\ su_1(t + s)\,\mathrm{d}s\right]\\[2ex]
\dfrac{\mathrm{d}x_2(t)}{\mathrm{d}t} = x_2(t)\left[1 + \dfrac{1}{2}\sin\left(\dfrac{t}{2}\right) - \left(\dfrac{3}{10} + \dfrac{1}{10}\sin\sqrt{3}\,t\right)x_2(t) -\right.\\[2ex]
\quad \left(\dfrac{1}{4} + \dfrac{1}{5}\cos\left(\dfrac{t}{2}\right)\right)x_2\left(t - \dfrac{1}{3}\right) - \left(\dfrac{7}{10} + \dfrac{1}{2}\sin t\right)x_2\left(t - \dfrac{2}{3}\right) -\\[2ex]
\quad \left(\dfrac{4}{5} + \dfrac{1}{4}\cos\sqrt{3}\,t\right)x_2(t - 1) + (2 + \cos\ (\sqrt{3}\,t)\\[2ex]
\quad \left.\int_{-\frac{\pi}{3}}^{0}\cos\dfrac{s}{2}(x_1(t + s) - 2e)^2\,\mathrm{d}s - 0.001\int_{-1}^{0}u_2(t + s)\,\mathrm{d}s\right]\\[2ex]
\dfrac{\mathrm{d}u_1(t)}{\mathrm{d}t} = -\left(1.2 + \dfrac{1}{5}\sin\left(\dfrac{t}{2}\right)\right)u_1(t) + \left(\dfrac{3}{10} + \dfrac{1}{5}\sin t\right)x_1(t) -\\[2ex]
\quad \left(\dfrac{3}{8} + \dfrac{1}{8}\cos t\right)\int_{-\sqrt{7}}^{0}sx_1(t + s)\,\mathrm{d}s\\[2ex]
\dfrac{\mathrm{d}u_2(t)}{\mathrm{d}t} = -\left(\dfrac{5}{3} + \dfrac{1}{3}\cos\left(\dfrac{t}{2}\right)\right)u_2(t) + \left(\dfrac{1}{8} + 0.075\sin t\right)x_2(t) +\\[2ex]
\quad \left(\dfrac{1}{5} + \dfrac{1}{10}\cos t\right)\int_{-\frac{1}{2}}^{0}2x_2(t + s)\,\mathrm{d}s
\end{cases}
\tag{3.3.1}
$$

其中

$$
a_1^{0L} = 0.1, a_1^{1L} = 0.2, a_1^{2L} = 0.6, a_1^{3L} = 0.1
$$

$$
a_2^{0L} = 0.2, a_2^{1L} = 0.05, a_2^{2L} = 0.2, a_2^{3L} = 0.55
$$

$$
r_1^L = 0.5, r_2^L = 0.5, \gamma_1^L = 0.001\,5, \gamma_2^L = 1
$$

$$d_1^L = 1, d_2^L = \frac{4}{3}, e_1^L = 0.1, e_2^L = 0.05$$

$$f_1^L = 0.25, f_2^L = 0.1, q_2^M = 0.001, b_2 = e^{\frac{2}{3}}$$

$$\gamma_1^M = 0.002, \bar{M} = \frac{3}{2} e^{\frac{3}{2}}$$

经过直接计算,容易验证满足定理 3.1 的条件. 因此,系统(3.3.1)是持久的.

3.4　分析与建议

在经济现象中,由于信息、技术水平、生产能力、专利保护、制度安排等因素的影响,时滞和反馈控制是不可忽略的. 本章中的研究结果显示,时滞和反馈控制因素对竞争与合作系统(3.1.1)的持久性是有影响的. 有限的时滞是保证该系统持久性的重要条件之一,集群内企业的反应时滞越小,意味着企业间相互融合的程度越高,整个企业集群的生产效率越高,企业集群的"生态系统"越容易达到生态平衡.

由定理条件可见,要保持系统的持续性生存,企业 B 产出水平的增长率至少需满足 $r_2^L > 4q_2^M \bar{M}$,且控制变量对企业 B 的影响越小,集群持续性生存的概率越高. 进一步,系统(3.1.1)的持久性不仅仅依赖于时滞和反馈控制,同时也与企业 B 的初始产量有关,其初始产量需满足限制条件 $2\bar{M} - \sqrt{\frac{r_1^L}{2\gamma_1^M}} < b_2$ $\leq M_2$,企业 B 的初始产量不能过低,若其初始产量小,集群中的企业 A 将会

寻找新的合作企业,这将增加各种新的交易成本,对其长期的发展是不利的. 此外,企业 B 对企业 A 需保持适度的竞争,其竞争力系数不能超过 $\dfrac{r_1^L}{2(2\overline{M}-b_2)^2}$,过强的竞争力会导致企业 A 的灭绝和集群的瓦解,这对集群整体的持续发展来说也是不利的.

　　鉴于上述分析,对集群发展的建议如下:现实中企业间的竞争与合作是并存的,要保持企业集群的生命力,使得集群企业获得持续性的生存,就必须提高市场容纳量以及企业 A、企业 B 的产出水平增长率,同时还要控制企业 B 的初始产量.并与企业 A 保持适度的竞争,根据集群内部、外部的变化及时调整生产,否则将会产生风险,从而导致如集群内大企业吞并小企业,集群解体;或者有企业被淘汰,新企业进入,集群重组;甚至集群内企业因恶性竞争导致破产,整体被市场淘汰等现象产生. 进一步,还需加强集群内企业间的资源共享,提高合作效率,提升集体应对集群外部因素变化的能力,使外部因素对集群的影响降低,提高集群的整体竞争力,实现企业共赢,从而达到企业集群持久、稳定、和谐的状态,使得企业集群成为一个可互相调节的、相互依存的、健康的"生存系统".

第4章 具时滞与反馈控制的企业集群和第三方物流的依托型共生模型的持久性

4.1 引　言

近年来,不少文献基于生态学角度研究企业集群,提出了许多企业集群的数学模型,引起了众多研究者的兴趣. 从经济学的角度来说,获得集群中企业持久性生存的条件是十分重要的. 在现实生活中,依托型共生是集群内企业间互动的一种重要关系,也是普遍的一种经济现象,比如企业集群与第三方物流.

物流是企业集群经营的重要组成部分. 借助第三方物流, 企业集群一方面能够降低物力成本, 节省费用; 另一方面能够集中资源于核心业务, 提升核心竞争力, 从而使企业集群能够获得众多优势. 当然, 在没有第三方物流的情况下, 集群内企业可通过企业自身的力量来完成物流活动. 但反过来, 如果没有企业订单, 第三方物流就将失去生存空间. 第三方物流依托于企业集群而存在, 其产出水平全部来自企业集群, 其本身不能脱离企业集群而存在. 企业集群与第三方物流建立起依托型的共生关系, 企业集群通过规模优势和产生的外部经济吸引第三方物流与之建立共生关系. 在文献[99]中, 作者从生态学角度提出了以下描述企业集群与第三方物流相互作用的数学模型:

$$
\begin{cases}
y_1'(t) = r_1 y_1(t) \left[1 - \dfrac{y_1}{K_1} + \alpha \dfrac{y_2}{K_2} \right] \\
y_2'(t) = r_2 y_2(t) \left[-1 - \dfrac{y_2}{K_2} + \beta \dfrac{y_1}{K_1} \right]
\end{cases}
$$

其中 $y_1(t)$, $y_2(t)$ 分别表示 t 时刻企业集群与第三方物流的产出水平, r_1, r_2 分别表示企业集群和第三方物流所在行业产出水平的平均增长率, K_1, K_2 分别表示企业集群和第三方物流在独立状态下由环境所决定的最大产出水平, $\dfrac{y_1}{K_1}$, $\dfrac{y_2}{K_2}$ 分别表示企业集群与第三方物流的产出水平占各自能够实现的最大值的比例(称为自然增长饱和度), α 是第三方物流的自然增长饱和度对企业集群的产出水平增长的贡献, β 是企业集群的自然增长饱和度对第三方物流的产出水平增长的贡献.

令 $a_1 = \dfrac{r_1}{K_1}$, $a_2 = \dfrac{r_2}{K_2}$, $b_1 = \dfrac{\alpha r_1}{K_2}$, $b_2 = \dfrac{\beta r_2}{K_1}$, 以上系统变为

$$
\begin{cases}
y_1'(t) = y_1(t) \left[r_1 - a_1 y_1 + b_1 y_2 \right] \\
y_2'(t) = y_2(t) \left[-r_2 - a_2 y_2 + b_2 y_1 \right]
\end{cases}
$$

显然,以上系统为自治系统,没有考虑时间 t 对模型中各项系数的实际影响,且没有考虑集群内部企业的竞争以及其他因素,比如信息、科技、制度安排、地域生产氛围等变化对集群企业影响的时间滞后. 在现实生活中,由于技术专利保护、制度和信息不对称等原因,时滞现象是客观存在的.

另一方面,现实生活中的企业集群总不可避免地受到一些不可预知的外力因素的干扰,从而影响企业产出水平. 在经济学中,人们感兴趣的是企业集群系统是否能够抑制这些外力干扰因素而达到持续性生存的目的,用控制变量来表达,我们可称这些干扰函数为控制变量[32-45]. 据我们所知,国内外的文献中带控制变量的企业集群系统的研究还很少.

基于以上考虑,为更贴切、客观地模拟企业集群与第三方物流的真实互动关系,我们考虑如下具时滞与反馈控制的企业集群和第三方物流的依托型共生模型:

$$
\begin{cases}
\dfrac{dx_1(t)}{dt} = x_1(t)\left[r_1(t) - \displaystyle\sum_{i=0}^{m} a_{11}^i(t)x_1(t-i\tau) + a_{12}(t)x_2(t) - \right. \\
\qquad\qquad \left. a_{13}(t)u_1(t-\tau) \right] \\[2mm]
\dfrac{dx_2(t)}{dt} = x_2(t)\left\{ -r_2(t) + \displaystyle\sum_{j=0}^{n}\left[a_{21}^j(t)x_1(t-j\tau) - a_{22}^j(t)x_2(t-j\tau) \right] - \right. \\
\qquad\qquad \left. a_{23}(t)u_2(t) - a_{24}(t)u_2(t-\tau) \right\} \\[2mm]
\dfrac{du_1(t)}{dt} = f_1(t) - e_1(t)u_1(t) + d_1(t)x_1(t-m\tau) \\[2mm]
\dfrac{du_2(t)}{dt} = f_2(t) - e_2(t)u_2(t) + d_2(t)x_2(t-n\tau)
\end{cases}
\tag{4.1.1}
$$

考虑如下初始条件:

$$\begin{cases} x_1(t) = \phi_1(t) \geqslant 0, t \in [-\sigma, 0], \phi_1(0) > 0 \\ x_2(t) = \phi_2(t) \geqslant 0, t \in [-\sigma, 0], \phi_2(0) > 0 \\ u_1(t) = \phi_3(t) \geqslant 0, t \in [-\sigma, 0], \phi_3(0) > 0 \\ u_2(t) = \phi_4(t) \geqslant 0, t \in [-\sigma, 0], \phi_4(0) > 0 \end{cases} \quad (4.1.2)$$

其中 $\sigma = \max\{m\tau, n\tau\}$，$\phi_1(t)$，$\phi_2(t)$，$\phi_3(t)$，$\phi_4(t)$ 在 $[-\sigma, 0]$ 上连续，$x_1(t)$ 和 $x_2(t)$ 分别表示企业集群和第三方物流在 t 时刻的产出水平，$r_1(t)$ 和 $r_2(t)$ 分别表示它们的内禀增长率，反映企业产出水平的平均增长率，它与企业本身固有的特性有关；$a_{11}^i(t)$ 和 $a_{22}^i(t)$ 分别表示它们自身的阻滞项系数，反映出在既定条件下企业产出水平的增长率随着产出水平的提高而下降，具有阻滞效应；$a_{12}(t)$ 和 $a_{21}^j(t)$ 分别表示它们对彼此的影响系数，影响系数为正，表明双方是合作关系，影响系数为负，表明双方是竞争关系；时滞 τ 是一个正的常数. 前两个方程刻画的是企业集群和第三方物流的互动过程，后两个方程是控制方程，其中 $u_1(t)$ 和 $u_2(t)$ 是控制变量；$a_{11}^i(t)$，$a_{21}^j(t)$，$a_{22}^j(t)$ $(i = 0, 1, \cdots, m$；$j = 0, 1, \cdots, n)$，$r_1(t)$，$r_2(t)$，$a_{13}(t)$，$a_{23}(t)$，$a_{24}(t)$，$f_1(t)$，$f_2(t)$，$e_1(t)$，$e_2(t)$，$d_1(t)$，$d_2(t)$ 是区间 $[0, +\infty)$ 上正的有界连续实值函数. 不难看出，系统 (4.1.1) 在初始条件 (4.1.2) 下，所有的解满足 $x_1(t) > 0, x_2(t) > 0, u_1(t) > 0$，$u_2(t) > 0$，对所有的 $t \geqslant 0$.

本章将利用文献[28]中的研究方法以及微分不等式，建立起系统 (4.1.1) 持久性的充分条件，结果显示：系统 (4.1.1) 的持久性不仅与时滞有关，也与反馈控制有关. 进一步举例说明结果的可行性，并对得到的定理结果作出简要的经济解释，提出对企业集群与第三方物流发展的建议.

为方便起见，引入记号

$$b(t) = a_{22}^0(t) - a_{12}(t), b_j(t) = a_{11}^j(t) - a_{21}^j(t), j = 0, 1, \cdots, n$$

其中 $a_{22}^0(t)$，$a_{12}(t)$，$a_{11}^j(t)$，$a_{21}^j(t)$ 与系统 (4.1.1) 中的相同.

定义 4.1　系统 (4.1.1) 是持久的，如果存在两个正的常数 m, M，使得对

系统$(4.1.1)$的任意解$(x_1(t),x_2(t),u_1(t),u_2(t))^T$,有

$$m \leqslant \lim_{t\to\infty}\inf x_i(t) \leqslant \lim_{t\to\infty}\sup x_i(t) \leqslant M, i=1,2$$

$$m \leqslant \lim_{t\to\infty}\inf u_i(t) \leqslant \lim_{t\to\infty}\sup u_i(t) \leqslant M, i=1,2$$

4.2　主要结果

引理4.1　假设

(H_1)　$m \geqslant n, a_{12}(t) > 0$ 是连续有界的函数,$t \in [0, +\infty)$;

(H_2)　$r_1^M > r_2^L, b^L > 0, a_{22}^{jL} > 0, b_j^L > 0 (j = 0,1,\cdots,n).$

那么存在常数$P > 0$,使得

$$\lim_{t\to+\infty}\sup[x_1(t)x_2(t)] \leqslant P < +\infty$$

成立.

证明:假设$\lim_{t\to+\infty}\sup[x_1(t)x_2(t)] = +\infty$. 那么存在子列$\{t_k\}_{k=1}^{+\infty}$,使得

$$\lim_{k\to+\infty}\sup[x_1(t_k)x_2(t_k)] = +\infty, \frac{d[x_1(t)x_2(t)]}{dt}\bigg|_{t=t_k} \geqslant 0$$

由系统$(4.1.1)$,有

$$\frac{d[x_1(t)x_2(t)]}{dt} = x_1(t)x_2(t)\bigg[r_1(t) - \sum_{i=0}^{m}a_{11}^i(t)x_1(t-i\tau) +$$

$$a_{12}(t)x_2(t) - a_{13}(t)u_1(t-\tau)\bigg] +$$

$$x_1(t)x_2(t)\bigg\{-r_2(t) + \sum_{j=0}^{n}[a_{21}^j(t)x_1(t-j\tau) -$$

$$a_{22}^{j}(t)x_2(t - j\tau)] - a_{23}(t)u_2(t) - a_{24}(t)u_2(t - \tau)\bigg\}$$

$$\leqslant x_1(t)x_2(t)\bigg\{ r_1^M - r_2^L - \sum_{j=0}^{n}\big[a_{11}^{j}(t) - a_{21}^{j}(t)\big]x_1(t - j\tau) -$$

$$\sum_{p=n+1}^{m} a_{11}^{p}(t)x_1(t - p\tau) - \big[a_{22}^{0}(t) - a_{12}(t)\big]x_2(t) -$$

$$\sum_{h=1}^{n} a_{22}^{h}(t)x_2(t - h\tau) - a_{13}(t)u_1(t - \tau) - a_{23}(t)u_2(t) -$$

$$a_{24}(t)u_2(t - \tau)\bigg\}$$

$$\leqslant x_1(t)x_2(t)\big[r_1^M - r_2^L\big] \tag{4.2.1}$$

从而

$$x_1(t - n\tau) \leqslant \frac{r_1^M - r_2^L}{b_n^L} := A$$

$$x_2(t - n\tau) \leqslant \frac{r_1^M - r_2^L}{a_{22}^{nL}} := B$$

那么

$$x_1(t - n\tau)x_2(t - n\tau) \leqslant AB$$

进一步,从 $t_k - n\tau$ 到 t_k 积分式(4.2.1)两边,得

$$x_1(t_k)x_2(t_k) \leqslant x_1(t_k - n\tau)x_2(t_k - n\tau)\exp\{(r_1^M - r_2^L)n\tau\}$$

$$\leqslant AB\exp\{(r_1^M - r_2^L)n\tau\} < +\infty$$

与假设矛盾. 所以, $\lim\limits_{t \to +\infty}\sup[x_1(t)x_2(t)] < +\infty$.

进一步,由上面的讨论,有

$$\lim\limits_{t \to +\infty}\sup[x_1(t)x_2(t)] \leqslant P = AB\exp\{(r_1^M - r_2^L)n\tau\} \tag{4.2.2}$$

定理 4.1　假设 (H_1)、(H_2) 和 $(H_3)r_1^L > a_{13}^M M_3$, $\sum\limits_{j=0}^{n} a_{21}^{jM}M_1 > r_2^L, e_1^L > 0$,

$e_2^L > 0, c > 0$ 成立. 令 $(x_1(t), x_2(t), u_1(t), u_2(t))^{\mathrm{T}}$ 是系统(4.1.1)的任意正

解,那么系统(4.1.1)是持久的,即存在两个正数 $\bar{M},\bar{m}$, 使得

$$\bar{m} \leqslant \lim_{t \to +\infty} \inf x_i(t) \leqslant \lim_{t \to +\infty} \sup x_i(t) \leqslant \bar{M}, i = 1,2$$

$$\bar{m} \leqslant \lim_{t \to +\infty} \inf u_i(t) \leqslant \lim_{t \to +\infty} \sup u_i(t) \leqslant \bar{M}, i = 1,2$$

成立,其中:

$$\bar{M} := \max\{M_1, M_2, M_3, M_4\}$$

$$\bar{m} := \min\{m_1, m_2, m_3, m_4\}$$

$$M_1 = -\frac{a_{12}^M P}{r_1^M} + \left(\frac{a_{12}^M P}{r_1^M} + x_1^*\right) \exp\{r_1^M m\tau\}$$

$$M_2 = \frac{\sum_{j=0}^{n} a_{21}^{jM} M_1 - r_2^L}{\sum_{j=0}^{n} a_{22}^{jL}} \exp\left\{\left(\sum_{j=0}^{n} a_{21}^{jM} M_1 - r_2^L\right) n\tau\right\}$$

$$M_3 = \frac{f_1^M + d_1^M M_1}{e_1^L}$$

$$M_4 = \frac{f_2^M + d_2^M M_2}{e_2^L}$$

$$m_1 = \frac{r_1^L - a_{13}^M M_3}{\sum_{i=0}^{m} a_{11}^{iM}} \exp\left\{\left(r_1^L - a_{13}^M M_3 - \sum_{i=0}^{m} a_{11}^{iM} K_1\right) m\tau\right\}$$

$$K_1 = \frac{r_1^L - a_{13}^M M_3}{\sum_{i=0}^{m} a_{11}^{iM}} \exp\{(r_1^L - a_{13}^M M_3) m\tau\}$$

$$m_2 = \frac{c}{\sum_{j=0}^{n} a_{22}^{jM}} \exp\left\{\left(c - \sum_{j=0}^{n} a_{22}^{jM} K_2\right) n\tau\right\}$$

$$K_2 = \frac{c}{\sum_{j=0}^{n} a_{22}^{jM}} \exp\{cn\tau\}$$

$$c = \sum_{j=0}^{n} a_{21}^{jL} m_1 - r_2^M - (a_{23}^M + a_{24}^M) M_4$$

$$m_3 = \frac{f_1^L + d_1^L m_1}{e_1^M}$$

$$m_4 = \frac{f_2^L + d_2^L m_2}{e_2^M}$$

其中 x_1^* 是方程 $x\left[r_1^M - \sum\limits_{i=0}^{m} a_{11}^{iL} x\right] + a_{12}^M P = 0$ 的唯一正解,常数 P 如式(4.2.2)所定义.

证明:由引理 4.1,对任意的常数 $\varepsilon_1 > 0$,存在 $T_1 > 0$,使得当 $t > T_1$ 时,有 $x_1(t) x_2(t) \leqslant P + \varepsilon_1$.那么,由系统(4.1.1)的第一个方程,有

$$\frac{\mathrm{d}x_1(t)}{\mathrm{d}t} \leqslant x_1(t)\left[r_1^M - \sum\limits_{i=0}^{m} a_{11}^{iL} x_1(t - i\tau)\right] + a_{12}^M(P + \varepsilon_1),\ t > T_1$$

$$(4.2.3)$$

由 ε_1 的任意性,对式(4.2.3)使用引理 2.1,有

$$\lim\limits_{t \to +\infty} \sup x_1(t) \leqslant -\frac{a_{12}^M P}{r_1^M} + \left(\frac{a_{12}^M P}{r_1^M} + x_1^*\right) \exp\{r_1^M m\tau\} := M_1 \quad (4.2.4)$$

其中 x_1^* 是方程 $x\left[r_1^M - \sum\limits_{i=0}^{m} a_{11}^{iL} x\right] + a_{12}^M P = 0$ 的唯一正解.

由式(4.2.4),对任意的常数 $\varepsilon_2 > 0$,存在正数 $T_2 > T_1 + \sigma$,使得 $x_1(t) \leqslant M_1 + \varepsilon_2, t > T_2$.那么,由系统(4.1.1)的第二个方程,有

$$\frac{\mathrm{d}x_2(t)}{\mathrm{d}t} \leqslant x_2(t)\left[-r_2^L + \sum\limits_{j=0}^{n} a_{21}^{jM}(M_1 + \varepsilon_2) - \sum\limits_{j=0}^{n} a_{22}^{jL} x_2(t - j\tau)\right], t > T_2$$

由于 ε_2 的任意性,利用引理 2.1,得

$$\lim\limits_{t \to +\infty} \sup x_2(t) \leqslant \frac{\sum\limits_{j=0}^{n} a_{21}^{jM} M_1 - r_2^L}{\sum\limits_{j=0}^{n} a_{22}^{jL}} \exp\left\{\left(\sum\limits_{j=0}^{n} a_{21}^{jM} M_1 - r_2^L\right) n\tau\right\} := M_2$$

$$(4.2.5)$$

进一步,由系统(4.1.1)的第三个方程,可得到下面的微分不等式:

$$\frac{\mathrm{d}u_1(t)}{\mathrm{d}t} \leqslant f_1^M + d_1^M(M_1 + \varepsilon_2) - e_1^L u_1(t), \ t > T_2$$

对以上微分不等式使用引理2.3(Ⅱ),有

$$\lim_{t \to +\infty} \sup u_1(t) \leqslant \frac{f_1^M + d_1^M M_1}{e_1^L} := M_3 \quad (4.2.6)$$

由式(4.2.5),对任意的 $\varepsilon_3 > 0$,存在常数 $T_3 > T_2 + \sigma$,使得 $x_2(t) \leqslant M_2 + \varepsilon_3, t > T_3$.

同样地,由系统(4.1.1)的第四个方程,可得到下面的微分不等式:

$$\frac{\mathrm{d}u_2(t)}{\mathrm{d}t} \leqslant f_2^M + d_2^M(M_2 + \varepsilon_3) - e_2^L u_2(t), \ t > T_3$$

类似于式(4.2.6)的证明,有

$$\lim_{t \to +\infty} \sup u_2(t) \leqslant \frac{f_2^M + d_2^M M_2}{e_2^L} := M_4 \quad (4.2.7)$$

结合式(4.2.4)、式(4.2.5)、式(4.2.6)和式(4.2.7),令

$$\bar{M} := \max\{M_1, M_2, M_3, M_4\}$$

显然,$\bar{M}$ 与系统(4.1.1)的解无关,且

$$\lim_{t \to +\infty} \sup x_i(t) \leqslant \bar{M}, \lim_{t \to +\infty} \sup u_i(t) \leqslant \bar{M}, i = 1,2$$

接下来,由系统(4.1.1)的第一个方程及上面的讨论知,对任意的正数 $\varepsilon_4 > 0$,存在常数 $T_4 > T_3$,使得当 $t > T_4$ 时,有 $u_1(t) \leqslant M_3 + \varepsilon_4$,则

$$\frac{\mathrm{d}x_1(t)}{\mathrm{d}t} \geqslant x_1(t)\left[r_1^L - \sum_{i=0}^m a_{11}^{iM} x_1(t - i\tau) - a_{13}^M(M_3 + \varepsilon_4)\right], t > T_4$$
$$(4.2.8)$$

对式(4.2.8)运用引理2.2,可得

$$\lim_{t \to +\infty} \inf x_1(t) \geqslant \frac{r_1^L - a_{13}^M M_3}{\sum_{i=0}^m a_{11}^{iM}} \exp\left\{\left(r_1^L - a_{13}^M M_3 - \sum_{i=0}^m a_{11}^{iM} K_1\right) m\tau\right\} := m_1 > 0$$
$$(4.2.9)$$

其中 $K_1 = \dfrac{r_1^L - a_{13}^M M_3}{\displaystyle\sum_{i=0}^{m} a_{11}^{iM}} \exp\{(r_1^L - a_{13}^M M_3)m\tau\}$.

进一步,对任意的 $\varepsilon_5 > 0$,存在常数 $T_5 > T_4 + \sigma$,使得

$$\frac{\mathrm{d}x_2(t)}{\mathrm{d}t} \geqslant x_2(t)\left[-r_2^M + \sum_{j=0}^{n} a_{21}^{jL}m_1 - (a_{23}^M + a_{24}^M)(M_4 + \varepsilon_5) - \right.$$

$$\left. \sum_{j=0}^{n} a_{22}^{jM} x_2(t - j\tau)\right], t > T_5$$

由 ε_5 的任意性,利用引理 2.2,有

$$\liminf_{t \to +\infty} x_2(t) \geqslant \frac{c}{\displaystyle\sum_{j=0}^{n} a_{22}^{jM}} \exp\left\{\left(c - \sum_{j=0}^{n} a_{22}^{jM} K_2\right)n\tau\right\} := m_2 > 0$$

$$(4.2.10)$$

其中:

$$K_2 = \frac{c}{\displaystyle\sum_{j=0}^{n} a_{22}^{jM}} \exp\{cn\tau\}$$

$$c = \sum_{j=0}^{n} a_{21}^{jL}m_1 - r_2^M - (a_{23}^M + a_{24}^M)M_4$$

同上讨论,存在 $T_6 > T_5 + \sigma$,使得当 $t > T_6$ 时,有微分不等式

$$\frac{\mathrm{d}u_1(t)}{\mathrm{d}t} \geqslant f_1^L + d_1^L m_1 - e_1^M u_1(t), \ t > T_6$$

$$\frac{\mathrm{d}u_2(t)}{\mathrm{d}t} \geqslant f_2^L + d_2^L m_2 - e_2^M u_2(t), \ t > T_6$$

成立. 利用引理 2.3(Ⅰ),可得

$$\liminf_{t \to +\infty} u_1(t) \geqslant \frac{f_1^L + d_1^L m_1}{e_1^M} := m_3 \qquad (4.2.11)$$

$$\liminf_{t \to +\infty} u_2(t) \geqslant \frac{f_2^L + d_2^L m_2}{e_2^M} := m_4 \qquad (4.2.12)$$

结合式(4.2.9)、式(4.2.10)、式(4.2.11)和式(4.2.12),可设 $\bar{m} := \min\{m_1,$ $m_2, m_3, m_4\}$,则

$$\liminf_{t \to +\infty} x_i(t) \geq \bar{m}, \liminf_{t \to +\infty} u_i(t) \geq \bar{m}, i = 1, 2$$

接下来,去掉反馈控制变量,考虑如下没有反馈控制变量的系统:

$$\begin{cases} \dfrac{dx_1(t)}{dt} = x_1(t)\left[r_1(t) - \sum_{i=0}^{m} a_{11}^i(t) x_1(t - i\tau) + a_{12}(t) x_2(t) \right] \\ \dfrac{dx_2(t)}{dt} = x_2(t)\left\{ r_2(t) + \sum_{j=0}^{n} \left[a_{21}^j(t) x_1(t - j\tau) - a_{22}^j(t) x_2(t - j\tau) \right] \right\} \end{cases}$$

$$(4.2.13)$$

其中 $r_1(t), r_2(t), a_{11}^i(t), a_{12}(t), a_{21}^j(t), a_{22}^j(t) (i = 0, 1, \cdots, m; j = 0, 1, \cdots, n)$ 如同系统(4.1.1)中所定义. 类似于定理 4.1 的证明,容易得出以下推论.

推论 4.1 假设 (H_1)、(H_2) 成立,则系统(4.2.13)是持久的.

注释: 推论 4.1 推广了文献[28]中的定理 1.1. 容易看出,此时系统(4.2.13)的持久性与时滞的大小无关.

类似地,可得出下面的结果:

定理 4.2 假设条件

(H_4) $a_{12}(t) = -\tilde{a}_{12}(t) \leq 0, t \in [0, +\infty), a_{12}(t)$ 是有界连续实值函数,

(H_5) $r_1^L > a_{13}^M \widetilde{M}_3 + \tilde{a}_{12}^M \widetilde{M}_2, \tilde{c} > 0, \sum_{i=0}^{m} a_{11}^{iL} > 0, \sum_{j=0}^{n} a_{22}^{jL} > 0, \sum_{j=0}^{n} a_{21}^{jM} \widetilde{M}_1 > r_2^L,$ $e_1^L > 0, e_2^L > 0$ 成立. 令 $(x_1(t), x_2(t), u_1(t), u_2(t))^{\mathrm{T}}$ 是系统(4.1.1)的任意正解,那么系统(4.1.1)是持久的,即存在两个正数 $\widetilde{M}, \tilde{m}$,使得

$$\tilde{m} \leq \liminf_{t \to +\infty} x_i(t) \leq \limsup_{t \to +\infty} x_i(t) \leq \widetilde{M}, i = 1, 2$$

$$\tilde{m} \leq \liminf_{t \to +\infty} u_i(t) \leq \limsup_{t \to +\infty} u_i(t) \leq \widetilde{M}, i = 1, 2$$

其中,

$$\widetilde{M} := \max\{\widetilde{M}_1, \widetilde{M}_2, \widetilde{M}_3, \widetilde{M}_4\}$$

$$\tilde{m} := \min\{\tilde{m}_1, \tilde{m}_2, \tilde{m}_3, \tilde{m}_4\}$$

$$\widetilde{M}_1 = \frac{r_1^M}{\displaystyle\sum_{i=0}^{m} a_{11}^{iL}} \exp\left\{ r_1^M m\tau \right\}$$

$$\widetilde{M}_2 = \frac{\displaystyle\sum_{j=0}^{n} a_{21}^{jM}\widetilde{M}_1 - r_2^L}{\displaystyle\sum_{j=0}^{n} a_{22}^{jL}} \exp\left\{ \left(\sum_{j=0}^{n} a_{21}^{jM}\widetilde{M}_1 - r_2^L \right) n\tau \right\}$$

$$\widetilde{M}_3 = \frac{f_1^M + d_1^M \widetilde{M}_1}{e_1^L}$$

$$\widetilde{M}_4 = \frac{f_2^M + d_2^M \widetilde{M}_2}{e_2^L}$$

$$\widetilde{m}_1 = \frac{r_1^L - a_{13}^M \widetilde{M}_3 - \bar{a}_{12}^M \widetilde{M}_2}{\displaystyle\sum_{i=0}^{m} a_{11}^{iM}} \exp\left\{ \left(r_1^L - a_{13}^M \widetilde{M}_3 - \bar{a}_{12}^M \widetilde{M}_2 - \sum_{i=0}^{m} a_{11}^{iM} N_1 \right) m\tau \right\}$$

$$N_1 = \frac{r_1^L - a_{13}^M \widetilde{M}_3 - \bar{a}_{12}^M \widetilde{M}_2}{\displaystyle\sum_{i=0}^{m} a_{11}^{iM}} \exp\left\{ \left(r_1^L - a_{13}^M \widetilde{M}_3 - \bar{a}_{12}^M \widetilde{M}_2 \right) m\tau \right\}$$

$$\widetilde{m}_2 = \frac{\tilde{c}}{\displaystyle\sum_{j=0}^{n} a_{22}^{jM}} \exp\left\{ \left(\tilde{c} - \sum_{j=0}^{n} a_{22}^{jM} N_2 \right) n\tau \right\}$$

$$N_2 = \frac{\tilde{c}}{\displaystyle\sum_{j=0}^{n} a_{22}^{jM}} \exp\left\{ \tilde{c} n\tau \right\}$$

$$\tilde{c} = \sum_{j=0}^{n} a_{21}^{jL} \widetilde{m}_1 - r_2^M - \left(a_{23}^M + a_{24}^M \right) \widetilde{M}_4$$

$$\widetilde{m}_3 = \frac{f_1^L + d_1^L \widetilde{m}_1}{e_1^M}$$

$$\widetilde{m}_4 = \frac{f_2^L + d_2^L \widetilde{m}_2}{e_2^M}.$$

4.3 举 例

下面的数值例子说明我们的理论结果是可行的.

例 4.1 在系统(4.1.1)中,取 $m = 2, n = 1, \tau = \dfrac{1}{10}$,

$$a_{11}^0(t) = 1.5 + \frac{1}{8}\sin t, a_{11}^1(t) = 2 + \frac{1}{5}\sin t,$$

$$a_{11}^2(t) = 0.005, a_{24}(t) = 0.015 + 0.005\sin t,$$

$$a_{12}(t) = 0.1 + 0.05\cos t, a_{13}(t) = 1 + 0.5\cos t,$$

$$r_1(t) = 6 + \sin t, r_2(t) = 0.04 + 0.01\sin t,$$

$$a_{21}^0(t) = 1.35, a_{21}^1(t) = 1.75, a_{22}^0(t) = 7 + 0.8\cos t,$$

$$a_{22}^1(t) = 8 + 0.2\sin t, d_1(t) = 0.03 + 0.02\sin t, d_2(t) = e^{-10},$$

$$e_1(t) = 2 + 0.5\sin t, e_2(t) = 3 + 0.5\cos t,$$

$$f_1(t) = 0.7 + 0.1\sin t, f_2(t) = 0.5 + 0.2\cos t,$$

$$a_{23}(t) = 0.007 + 0.003\cos t$$

经计算,

$$b^L = 6.05 > 0, b_0^L = 0.025 > 0, b_1^L = 0.05 > 0,$$

$$a_{22}^{0L} = 6.2 > 0, a_{22}^{1L} = 7.8 > 0, e_1^L = 1.5 > 0, e_2^L = 2.5 > 0,$$

$$A = 139.4, B = 0.8936, P = 250, x_1^* = 4.7,$$

$$M_1 \approx 35.367, M_2 \approx 450\,350, M_3 \approx 1.712, M_4 \approx 8.46,$$

$$K_1 \approx 1, K_2 \approx 0.083, c \approx 1.184\,2 > 0,$$

$$m_1 \approx 0.48, m_2 \approx 0.073, m_3 \approx 0.242, m_4 \approx 0.085\,7$$

容易验证定理 4.1 中的所有条件 (H_1)、(H_2)、(H_3) 均满足, 此时企业集群与第三方物流是依托型互惠共生关系, 系统(4.1.1)是持久的.

例 4.2　在系统 (4.1.1) 中, 取 $m = 1, n = 2, \tau = \dfrac{1}{10}$.

$$a_{11}^0(t) = 1.8 + 0.1 \sin t, a_{11}^1(t) = 1.5 + 0.2 \cos t, r_1(t) = 6 + \sin t,$$

$$a_{21}^0(t) = 1 + 0.5 \sin t, a_{21}^1(t) = 2 + 0.5 \cos t, a_{21}^2(t) = 1,$$

$$r_2(t) = 0.04 + 0.01 \cos t,$$

$$a_{22}^0(t) = 5.2 + 0.2 \sin t, a_{22}^1(t) = 3.5 + 0.5 \sin t, a_{22}^2(t) = 2.1 + 0.1 \cos t,$$

$$a_{12}(t) = -0.001\,5 - 0.000\,5 \sin t, a_{13}(t) = 0.2 + 0.1 \sin t,$$

$$f_1(t) = 0.7 + 0.1 \sin t, f_2(t) = 0.5 + 0.2 \cos t, e_1(t) = 2 + 0.5 \sin t,$$

$$e_2(t) = 3 + 0.5 \cos, d_1(t) = 0.3 + 0.2 \sin t, d_2(t) = 0.015 + 0.005 \cos t,$$

$$a_{23}(t) = 0.007 + 0.003 \sin t, a_{24}(t) = 0.008 + 0.002 \cos t$$

经计算,

$$\tilde{c} = 2.57 > 0, a_{11}^{0L} = 1.7 > 0, a_{11}^{1L} = 1.3 > 0,$$

$$a_{22}^{0L} = 5 > 0, a_{22}^{1L} = 3 > 0, a_{22}^{2L} = 2 > 0,$$

$$a_{21}^{0M} = 1.5 > 0, a_{21}^{1M} = 2.5 > 0, a_{21}^{2M} = 1 > 0,$$

$$r_1^L = 5 > 0, r_2^L = 0.03 > 0, e_1^L = 1.5 > 0, e_2^L = 2.5 > 0,$$

$$\tilde{M}_1 \approx 4.7, \tilde{M}_2 \approx 256.5, \tilde{M}_3 \approx 2.1, \tilde{M}_4 \approx 2.332,$$

$$N_1 \approx 1.575\,6, N_2 \approx 0.37, \tilde{c} \approx 2.57,$$

$$m_1 \approx 0.89, m_2 \approx 0.157, m_3 \approx 0.276, m_4 \approx 0.086$$

容易验证定理 4.2 中的所有条件 (H_4)、(H_5) 均满足, 此时企业集群与第三方物流是依托型偏利共生关系, 系统(4.1.1)也是持久的.

4.4　分析与建议

　　第三方物流的出现主要是为了迎合企业集群生产经营的需要,而且其在经营决策上很大程度地依附于企业集群. 它作为企业集群的相关和支撑性产业,凭借自身优势为集群中的企业提供低成本、高效率的专业化服务. 事实上,第三方物流对集群的贡献大小并不影响他们的共生关系,而集群对第三方物流的贡献相对来说就比较大. 定理4.1中条件 $a_{12}(t) > 0$ 时,意味着第三方物流对企业集群具有协助作用,双方处于互惠状态,此时集群的最大产出水平

$$M_1 = -\frac{a_{12}^M P}{r_1^M} + \left(\frac{a_{12}^M P}{r_1^M} + x_1^*\right) \exp\{r_1^M m\tau\},$$

说明企业集群的最大产出水平大于其独立经营时的最大产出水平,超出了 $\dfrac{a_{12}^M P}{r_1^M}[\exp\{r_1^M m\tau\} - 1] > 0$;而定理4.2中条件 $a_{12}(t) \leqslant 0$ 时,意味着企业集群与第三方物流处于偏利状态,此时企业集群的产出水平不受第三方物流的影响,其最大产出水平 $\widetilde{M}_1 = \dfrac{r_1^M}{\displaystyle\sum_{i=0}^{m} a_{11}^{iL}}$

$\exp\{r_1^M m\tau\}$,它只与其自身产出水平的增长率、自身阻滞项系数以及时滞有关. 定理4.1和定理4.2的研究结果表明,无论第三方物流和企业集群是处于依托型互惠共生关系还是依托型偏利共生关系,系统中的双方都能够持续性生存.

　　时滞和反馈控制常常能够对系统的持久性产生影响. 由本章得到的主要

结果定理 4.1 和定理 4.2,恰恰反映出系统(4.1.1)的持久性不仅与时滞有关,而且也与反馈控制有关. 然而,定理 4.1 中条件 $r_1^L > a_{13}^M M_3$, $\sum\limits_{j=0}^{n} a_{21}^{jM} > \dfrac{r_2^L}{M_1}$ 和定理 4.2 中条件 $r_1^L > a_{13}^M \widetilde{M}_3 + \tilde{a}_{12}^M \widetilde{M}_2$, $\sum\limits_{j=0}^{n} a_{21}^{jM} > \dfrac{r_2^L}{\widetilde{M}_1}$ 表明,与时滞、反馈控制、内部企业的竞争力以及第三方物流对集群的贡献力等因素相比较,企业集群自身强大的发展能力以及对第三方物流企业产出水平的贡献力才是保持企业集群与第三方物流依托型共生关系的关键.

由以上分析可见,无论第三方物流和企业集群是处于依托型互惠共生关系还是依托型偏利共生关系,第三方物流的产出水平都是依赖于企业集群的产出水平的. 而依托型互惠共生模式对提高双方的产出水平都具有促进作用,尽管对企业集群产出水平的贡献是有限的,但这种共生模式相对来说是较为合理的. 因此,政府和相关决策部门应当大力发展企业集群,使集群具有强大的发展能力和比较大的规模,以建立一个良好的经济环境,吸引第三方物流. 这样,围绕企业集群的第三方物流会比较多,彼此间竞争激烈,从而整体上保持较强的竞争力和优势,为企业集群提供较好的选择,同时也为双方的可持续健康发展提供有力的保证.

第5章 具不同发展阶段和共生关系的企业集群系统的持久性和概周期解的一致渐近稳定性

5.1 引 言

在当前现代商业环境不断动态化与复杂化发展的情况下,传统的竞争模式日益不能满足企业生存发展的需要. 在这种背景之下,传统的专注于企业内部资源整合所带的竞争优势逐渐被削弱,企业孤立的经营模式正在被打破,取而代之的是企业与顾客、供应商及其他相关群体之间日益密切的相互作用和相互影响,在组织层面上寻找提高生产力和竞争优势的战略. 也就是说,在这种格局之下,企业之间的关系不仅仅是竞争或者竞争合作的关系,而更多的是多种共生关系共存的协同进化关系.

类似于自然界内不同种群的群聚关系,企业集群内不同企业之间关系密切,相互作用,存在着"竞争""合作""竞争与合作""偏利"和"寄生"等多种共生关系. 竞争共生是指处于相同或相似生存空间的企业,为了各自的生存和发展,在生产要素市场对稀缺资源的竞争,或在产品市场对市场占有率的竞争,持续竞争的压力是集群内企业发展的动力;企业的寄生过程就是一方企业孵化另一方企业的过程,寄生企业依靠"食取"寄主企业的资本或收益而生存,中小企业利用品牌寄生、生产配套、技术溢出等途径实现寄生,寄生可有效地减少企业的资金投入,同时又可获得资本的原始积累,也积累了技术、管理和市场经验;企业的偏利共生是一方企业扶持另一方企业的过程,是从寄生到互惠共生转换的中间类型,企业偏利共生产生新的价值,但这种新价值一般主要向共生关系中的某一企业转移,或者说某一共生企业获得全部价值;合作共生(互惠共生)是双方企业平等合作的过程,彼此平等互利能增加合作双方的适合度,合作共生以共生企业的分工与合作为基础,产生新的价值,即共生企业的分工与合作具有更高效率的物流、信息流和价值增值活动. 自然界和社会经济生活中存在着大量这些互动关系,如计算机硬件和软件企业种群属于互惠共生种群关系,公路运输、铁路运输和航空运输属于竞争共生关系,所有企业与废旧资源回收企业属于偏利关系等.

从生态学的角度来研究企业间的互动和策略问题是一个新的视角,目前的研究大多还停留在对企业生态属性的分析上面,这方面的研究尚处于起步阶段,且主要侧重于研究企业集群的持续性生存和稳定共生的条件,如文献[23]—[27]和文献[100]—[102]及相关参考文献. 这些研究在研究方法和视角上是从生态学的 Logistic 模型、Lotka-Volterra 模型等出发去分析和建立企业集群的共生模型. 但其研究对象往往是集群内两个企业较为单一的共生关系,如网状式企业集群中企业的竞争关系或者合作关系,或者复杂一些的竞争与合作关系,卫星式企业集群中企业的上下游关系等. 而考虑到企业自身的发展阶段(经济学中称为企业的生命周期,比较普遍的看法是将企业的发展阶段划分为萌芽成长阶段、成熟阶段和衰退阶段)以及不同企业之间复杂的共生关系的研究尚未见报道.

用数学模型来研究种群生态学问题是常见的方法,本章将基于种群生态模型基础,建立一个新的数学模型来研究企业集群.

模型假设:

1. 卫星式企业集群. 外部规模经济是集群效应的根源. 在某一区域空间里存在着一个大型的主导企业,由于经营上的成功,吸引了同行业的其他中小型企业以及相关支持性产业的企业加入,并且在集群的发展形成过程中,它们逐渐建立起竞争、寄生、偏利等复杂的共生关系,最终形成一种稳定的集群效应,产生可观的外部规模经济,形成卫星式企业集群.

2. 为使问题简化,方便模型的建立,我们将集群中众多企业间的关系简化为四个企业间的关系. 以四个企业间的互动为例,探讨不同发展阶段的企业在不同的共生模式下的动态演化过程. 将卫星式企业集群中处于中心的主导企业(或核心企业)B 的产出规模记为 $y(t)$, 即企业的产出水平是时间 t 的函数(这里,时间 t 不仅含有日常意义上的含义,而且还含有信息、技术、成本、专业化分工等全部影响企业产出水平因素变化的含义,且这些因素都可以简单地认为是时间 t 的函数,因而用时间 t 来表示这样一种宽泛的含义),将卫星企业按照企业的生命周期划分为三类:萌芽成长期企业、发展成熟期企业和衰退期企业,视它们分别为三家企业 A_1, A_2, A_3 ,其产出规模分别记为 $x_1(t), x_2(t), x_3(t)$.

3. 设产品 m 的生产工序是: 原材料 → 中间产品 m_1 → 中间产品 m_2 → 成品.

企业 A_2, A_3 生产同一种产品 m,而企业 B 除生产产品 m 外,还生产其他多种产品.

成熟期企业 A_2 及主导企业 B 由于各类配套基础设施完善,具备生产产品 m 的完整工序. 而衰退期企业 A_3 由于资金有限,企业的生产能力和发展势头减弱,它借助向企业 B 购买中间产品 m_2,加工完成产品 m,再向市场销售.

为发展生产、集中优势、提高生产效率,成熟期企业 A_2 与成长期企业 A_1 建立起寄生关系. 由企业 A_2 向 A_1 提供中间产品 m_1(m_1 可由企业 A_2 自行生产,也可由企业 A_2 向企业 B 出资购买),企业 A_1 根据其要求进行特定的加工生产,再进行限制性销售,全部销售给企业 A_2,为 A_2 提供产品 m_2,同时企业 A_2 也可向企业 B 直接出资购买中间产品 m_2,加工完成产品 m,再向市场销售.

寄生共生是小型企业成长的重要途径. 加工型企业 A_1 处于萌芽成长期,资金少、规模小,对外依赖性强,它完全寄生于企业 A_2 中,其产出水平也全部来自企业 A_2,本身不能脱离企业 A_2 而存在. 企业 A_1 具有规模生产和低成本的优势,在与 A_2 的合作过程中,不仅获得了资本的积累,也获得了技术、管理和经验的积累,为其后期的发展奠定了基础. 企业 A_2, A_3 由于生产销售同一种产品 m 而产生市场竞争,企业 A_1, A_2, A_3 与大型主导企业 B 建立起上下游的供需关系,而产品 m 只是企业 B 众多产品中的一种,可忽略它对卫星企业 A_2, A_3 的局部市场竞争力,它们之间属于偏利关系.

4. 假定各种要素总量(包括原材料、技术、劳动力、资本、市场规模等)一定,若把各种生产要素、资源有效组合及充分利用的这一状态定义为自然状态,那么在自然状态下企业的产量将有一个潜在的极限,每个企业产量的增长水平会随着产出水平的提高而下降,我们称之为企业对自身产出水平的增长具有阻滞作用.

5. 集群中的企业各自的存在对对方企业的产量增长不仅有促进作用,也有削弱作用. 不同企业之间相互作用的系数可以大于 0,也可以小于 0,大于 0 意味着对对方企业的生产具有促进作用,小于 0 则意味着具有竞争作用. 相互作用的大小也与该系数有关,我们称之为企业间的相互作用系数.

基于以上基本假设,考虑到集群中企业间的竞争、寄生、偏利等复杂的共生关系,我们建立起一个新的数学模型:

$$
\begin{cases}
\dfrac{\mathrm{d}x_1(t)}{\mathrm{d}t} = -r_1(t)x_1(t) + a_1(t)x_2(t) - k(t)x_1(t)y(t) \\[2mm]
\dfrac{\mathrm{d}x_2(t)}{\mathrm{d}t} = r_1(t)x_1(t) + r_2(t)x_2(t) + k(t)x_1(t)y(t) - \\[1mm]
\qquad e_1(t)x_2(t)x_3(t) - d_1(t)x_2^2(t) + c_1(t)x_2(t)[y(t) - k_1]^2 \\[2mm]
\dfrac{\mathrm{d}x_3(t)}{\mathrm{d}t} = -r_3(t)x_3(t) - d_2(t)x_3^2(t) + c_2(t)x_3(t)[y(t) - k_1]^2 - \\[1mm]
\qquad e_2(t)x_2(t)x_3(t) \\[2mm]
\dfrac{\mathrm{d}y(t)}{\mathrm{d}t} = r_4(t)y(t) - d_3(t)y^2(t) - c_3(t)[x_2(t) - k_2]^2 y(t) - \\[1mm]
\qquad c_4(t)[x_3(t) - k_3]^2 y(t)
\end{cases}
\tag{5.1.1}
$$

其中 $x_1(t)$、$x_2(t)$、$x_3(t)$ 分别表示成长期、成熟期和衰退期的企业 A_1,A_2,A_3 在 t 时刻的产出水平,$y(t)$ 表示企业 B 在 t 时刻的产出水平,$r_1(t)$ 表示成长期企业 A_1 将中间产品 m_1 全部转化为 m_2 的效率,$r_2(t)$、$r_3(t)$、$r_4(t)$ 表示企业 A_2,A_3 和企业 B 的产出水平的增长率,$-r_3(t)$ 中的负号意味着在没有企业 B 提供中间产品的情况下,衰退期企业 A_3 产出水平将减少;$a_1(t)$ 表示 t 时刻企业 A_1(生产产品 m_2)的产出水平与企业 A_2(生产产品 m_1)的产出水平的比值,$k(t)$ 表示通过企业 B 对成长期企业 A_1 提供中间产品 m_1,产品转化为 m_2 的效率,$k(t)x_1(t)$ 表示单位时间内企业 B 向企业 A_1 提供的中间产品 m_1 转化为产品 m_2 的数量,$d_i(t)$,$(i=1,2,3)$ 分别表示 A_2,A_3 和 B 各企业产出水平的阻滞系数,$c_1(t)$、$c_2(t)$ 分别表示成熟期和衰退期的企业 A_2,A_3 将上游企业 B 的中间产品转化为自身产品的效率,$c_3(t)$、$c_4(t)$ 分别表示成熟期和衰退期的企业 A_2,A_3 对企业 B 的产品购买率,$e_1(t)$、$e_2(t)$ 分别表示企业 A_2,A_3 之间相互作用的系数,k_1,k_2,k_3 分别表示企业 B 和企业 A_2,A_3 的初始产量. $a_1(t)$、

$k(t)$、$e_1(t)$、$e_2(t)$、$d_i(t)$ $(i=1,2,3)$；$r_j(t)$、$c_j(t)$ $(j=1,2,3,4)$ 是正的有界连续函数，k_1,k_2,k_3 是正的常数.

在一定的经济环境下，企业集群的发展不可避免地受一些外界因素的干扰，从而失去"生态平衡". 为了使被破坏的生态平衡加速恢复到平衡态，或者调整平衡态到新的位置，反馈控制方法得以应用，对具有反馈控制的企业集群系统的研究越来越受到人们的关注[23],[25-27]. 本章中，首先对系统(5.1.1)增加控制变量，研究增加和不增加反馈控制时，系统(5.1.1)持久性的变化情况. 其次，研究系统(5.1.1)的概周期解的存在唯一性和稳定性. 因为考虑到企业经济运行状况会随着"经济大气候"的变化而发生周期性的变动，对系统(5.1.1)来说，即使所有的系数都是周期函数，考虑到外界各种因素的干扰，经过一段时间，系统中的周期函数会产生一定的误差，严格的周期性变化是不可能的，因而考虑系统(5.1.1)呈概周期性变化更具有现实意义. 概周期现象比周期现象更为广泛. 最后，举例验证数学结果的合理性，并根据数学结果的分析作出简要的经济解释，旨在为企业集群本身及政府调控提供科学依据，保持社会经济系统的持续和稳定发展.

5.2 主要结果

首先，增加反馈控制变量，考虑如下系统：

$$\begin{cases} \dfrac{\mathrm{d}x_1(t)}{\mathrm{d}t} = -r_1(t)x_1(t) + a_1(t)x_2(t) - k(t)x_1(t)y(t) - p_1(t)u_1(t)x_1(t) \\[3mm] \dfrac{\mathrm{d}x_2(t)}{\mathrm{d}t} = r_1(t)x_1(t) + r_2(t)x_2(t) + k(t)x_1(t)y(t) - \\[3mm] \qquad e_1(t)x_2(t)x_3(t) - d_1(t)x_2^2(t) + c_1(t)x_2(t)\left[y(t) - k_1\right]^2 - \\[3mm] \qquad p_2(t)u_2(t)x_2(t) \\[3mm] \dfrac{\mathrm{d}x_3(t)}{\mathrm{d}t} = -r_3(t)x_3(t) - d_2(t)x_3^2(t) + c_2(t)x_3(t)\left[y(t) - k_1\right]^2 - \\[3mm] \qquad e_2(t)x_2(t)x_3(t) - p_3(t)u_3(t)x_3(t) \\[3mm] \dfrac{\mathrm{d}y(t)}{\mathrm{d}t} = r_4(t)y(t) - d_3(t)y^2(t) - c_3(t)\left[x_2(t) - k_2\right]^2 y(t) - \\[3mm] \qquad c_4(t)\left[x_3(t) - k_3\right]^2 y(t) - p_4(t)v(t)y(t) \\[3mm] \dfrac{\mathrm{d}u_i(t)}{\mathrm{d}t} = \alpha_i(t) - \beta_i(t)u_i(t) + \gamma_i(t)x_i(t), \ i = 1,2,3 \\[3mm] \dfrac{\mathrm{d}v(t)}{\mathrm{d}t} = \alpha_4(t) - \beta_4(t)v(t) + \gamma_4(t)y(t) \end{cases} \tag{5.2.1}$$

其中，$a_1(t)$，$k(t)$，$e_1(t)$，$e_2(t)$，$d_i(t)$，$r_j(t)$，$c_j(t)$，$p_j(t)$，$\alpha_j(t)$，$\beta_j(t)$，$\gamma_j(t)$ 是正的有界连续函数，$u_i(t)$，$v(t)$ 表示控制变量，$t \in [0, +\infty)$，$(i = 1,2,3)$，$(j = 1,2,3,4)$，k_1, k_2, k_3 是正的常数.

接下来，我们将研究具反馈控制和不同发展阶段与共生关系的企业集群系统(5.2.1)的持久性. 以往大多数研究反馈控制模型的文章都是对系统右边函数的各个参量进行极端的放大或者缩小,从而利用微分方程比较原理即可得到系统持久性的充分条件. 本章中,我们将对系统(5.2.1)右端的函数进行细致的分析,再结合微分方程比较原理,从而得到系统(5.2.1)持久性的充分条件. 进一步,类似地可得到系统(5.1.1)持久性的充分条件,再利用概周期函数理论和李雅普诺夫函数法,我们得到了系统(5.1.1)概周期解的存在唯一性和一致渐近稳定性.

引理 5.1　假设系统(5.2.1)满足以下条件:

(H_1)　$a_1^L > 0, k^L > 0, e_1^L > 0, e_2^L > 0, d_i^L > 0(i = 1,2,3), r_j^L > 0, c_j^L > 0, p_j^L > 0, \alpha_j^L > 0, \beta_j^L > 0, \gamma_j^L > 0 \ (j = 1,2,3,4)$

(H_2)　$c_2^M (r_4^M - d_3^L k_2)^2 > r_3^L (d_3^L)^2$

设 $(x_1(t), x_2(t), x_3(t), y(t), u_1(t), u_2(t), u_3(t), v(t))$ 为系统(5.2.1)的任意具有正初始值的解,则存在常数 $T > 0$,使得当 $t \geqslant T$ 时,有

$$x_1(t) \leqslant M_1, x_2(t) \leqslant M_2, x_3(t) \leqslant M_3, y(t) \leqslant M_4$$

$$u_1(t) \leqslant M_5, u_2(t) \leqslant M_6, u_3(t) \leqslant M_7, v(t) \leqslant M_8$$

其中,$M_k, k = 1,2,\cdots,8$ 在证明中定义.

证明:由系统(5.2.1)的第四个方程,有

$$\frac{\mathrm{d}y(t)}{\mathrm{d}t} < y(t)[r_4^M - d_3^L y(t)]$$

利用引理 2.5,有

$$\limsup_{t \to \infty} y(t) \leqslant \frac{r_4^M}{d_3^L} := M_4$$

存在 $t_0 > 0$,当 $t \geqslant t_0$ 时,由系统(5.2.1)的第一个和第二个方程,有

$$\frac{\mathrm{d}x_1(t)}{\mathrm{d}t} \leqslant -r_1^L x_1(t) + a_1^M x_2(t)$$

$$\frac{\mathrm{d}x_2(t)}{\mathrm{d}t} \leqslant (r_1^M + k^M \cdot M_4)x_1(t) + [r_2^M + c_1^M (M_4 - k_1)^2]x_2(t) - d_1^L x_2^2(t)$$

取 $x_2^* = \dfrac{a_1^M(r_1^M + k^M \cdot M_4) + r_1^L[r_2^M + c_1^M(M_4 - k_1)^2]}{r_1^L d_1^L}$,$M_2 > x_2^*$,且

$$\frac{a_1^M}{r_1^L}M_2 < M_1 < \frac{d_1^L M_2^2 - [r_2^M + c_1^M(M_4 - k_1)^2]M_2}{r_1^M + k^M \cdot M_4} \quad (5.2.2)$$

则由式(5.2.2),有

$$x_1'(t) \big|_{x_1 = M_1, x_2 \leqslant M_2} \leqslant a_1^M M_2 - r_1^L M_1 < 0$$

$$x_2'(t) \mid_{x_1 \leq M_1, x_2 = M_2} \leq (r_1^M + k^M \cdot M_4)M_1 + [r_2^M + c_1^M(M_4 - k_1)^2]M_2 -$$

$$d_1^L M_2^2 < 0$$

那么,当 $0 < x_1(t_0) \leq M_1, 0 < x_2(t_0) \leq M_2$ 时,有

$$0 < x_1(t) \leq M_1, 0 < x_2(t) \leq M_2, t \geq t_0$$

当 $x_1(t_0) > M_1, x_2(t_0) > M_2$ 时,定义

$$R_1 = \left\{ (x_1, x_2) \mid x_1(t)M_2 \geq x_2(t)M_1 > 0, t \geq t_0 \right\}$$

$$R_2 = \left\{ (x_1, x_2) \mid x_2(t)M_1 \geq x_1(t)M_2 > 0, t \geq t_0 \right\}$$

和

$$G(t) = \max\{ x_1(t)M_2, x_2(t)M_1 \}$$

那么,

$$G(t) = \begin{cases} x_1(t)M_2, & (x_1, x_2) \in R_1 \\ x_2(t)M_1, & (x_1, x_2) \in R_2 \end{cases}$$

由式(5.2.2)有

$$G'(t) \mid_{R_1} = M_2 x_1'(t) \leq M_2 [-r_1^L x_1(t) + a_1^M x_2(t)]$$

$$\leq M_2 \left[-r_1^L x_1(t) + a_1^M \frac{M_2}{M_1} x_2(t) \right]$$

$$= M_2 x_1(t) \left[\frac{M_2}{M_1} a_1^M - r_1^L \right] < 0$$

同样地,由式(5.2.2)有

$$G'(t) \mid_{R_2} = M_1 x_2'(t)$$

$$\leq M_1 [(r_1^M + k^M \cdot M_4)x_1(t) + [r_2^M + c_1^M(M_4 - k_1)^2]x_2(t) -$$

$$d_1^L x_2^2(t)]$$

$$\leq M_1 \left[(r_1^M + k^M \cdot M_4) \frac{M_1}{M_2} x_2(t) + [r_2^M + c_1^M(M_4 - k_1)^2]x_2(t) - \right.$$

$$d_1^L M_2 x_2(t)\Big]$$

$$= M_1 x_2(t)\left[\left(r_1^M + k^M \cdot M_4\right)\frac{M_1}{M_2} + \left[r_2^M + c_1^M(M_4 - k_1)^2\right] - d_1^L M_2\right]$$

$$< 0$$

所以, 当 $(x_1(t), x_2(t)) \in R_1 \cup R_2, t \geq t_0$ 时, $G(t)$ 是严格单调递减的, 则一定存在 $\hat{t}_1 > t_0$, 使得 $t \geq \hat{t}_1$ 时, 有

$$x_1(t) \leq M_1, x_2(t) \leq M_2$$

当 $x_1(t_0) > M_1, 0 < x_2(t_0) \leq M_2$ 或者 $0 < x_1(t_0) \leq M_1, x_2(t_0) > M_2$ 时, 同上分别定义 R_1, R_2 和 $G(t)$, 同上讨论知, 当 $(x_1(t), x_2(t)) \in R_1 \cup R_2, t \geq t_0$ 时, $G(t)$ 仍是严格单调递减的, 则一定存在 $\tilde{t}_1 > t_0$, 使得 $t \geq \tilde{t}_1$ 时, 有

$$x_1(t) \leq M_1, x_2(t) \leq M_2$$

进一步, 由系统(5.2.1)的第三个方程, 存在 $t_1 > 0$, 当 $t \geq t_1$ 时, 有

$$\frac{\mathrm{d}x_3(t)}{\mathrm{d}t} \leq x_3(t)\left[c_2^M(M_4 - k_1)^2 - r_3^L - d_2^L x_3(t)\right]$$

由引理 2.5, 有

$$\limsup_{t \to \infty} x_3(t) \leq \frac{c_2^M(M_4 - k_1)^2 - r_3^L}{d_2^L} \leq M_3$$

那么, 存在 $t_2 \geq \max\{\hat{t}_1, \tilde{t}_1, t_1\}$, 使得当 $t > t_2$ 时, 由系统(5.2.1)的第五个和第六个方程有

$$\frac{\mathrm{d}u_i(t)}{\mathrm{d}t} \leq \alpha_i^M + \gamma_i^M M_i - \beta_i^L u_i(t), \ i = 1,2,3$$

$$\frac{\mathrm{d}v(t)}{\mathrm{d}t} \leq \alpha_4^M + \gamma_4^M M_4 - \beta_4^L v(t)$$

由引理 2.3 知,

$$\limsup_{t \to \infty} u_i(t) \leq \frac{\alpha_i^M + \gamma_i^M M_i}{\beta_i^L} \leq M_{4+i}, i = 1,2,3$$

$$\limsup_{t \to \infty} v(t) \leqslant \frac{\alpha_4^M + \gamma_4^M M_4}{\beta_4^L} \leqslant M_8$$

取 $T \geqslant t_2$, 则当 $t \geqslant T$ 时, 有

$$x_1(t) \leqslant M_1, x_2(t) \leqslant M_2, x_3(t) \leqslant M_3, y(t) \leqslant M_4,$$

$$u_1(t) \leqslant M_5, u_2(t) \leqslant M_6, u_3(t) \leqslant M_7, v(t) \leqslant M_8$$

引理 5.2 假设系统(5.2.1)满足条件 (H_1)、(H_2) 和 (H_3):

(H_3) $r_4^L > c_3^M M_2^2 + c_4^M M_3^2 + p_4^M M_8,$

$$a_1^L \Big(r_1^L + k^L \cdot \frac{r_4^L - c_3^M M_2^2 - c_4^M M_3^2 - p_4^M M_8}{d_3^M} \Big) >$$

$$(r_1^M + k^M \cdot M_4 + p_1^M M_5)(e_1^M M_3 + p_2^M M_6)$$

$$c_2^L \Big(\frac{r_4^L - c_3^M M_2^2 - c_4^M M_3^2 - p_4^M M_8}{d_3^M} - k_1 \Big)^2 >$$

$$e_2^M M_3 + p_3^M M_7 + r_3^M$$

其中, M_k 如引理 5.1 中所定义. 设 $(x_1(t), x_2(t), x_3(t)$, $y(t), u_1(t), u_2(t),$ $u_3(t), v(t))$ 为系统(5.2.1)的任意具有正初始值的解, 则存在常数 $T' > 0$, 使得当 $t \geqslant T'$ 时, 有

$$x_1(t) \geqslant m_1, x_2(t) \geqslant m_2, x_3(t) \geqslant m_3, y(t) \geqslant m_4$$

$$u_1(t) \geqslant m_5, u_2(t) \geqslant m_6, u_3(t) \geqslant m_7, v(t) \geqslant m_8$$

其中, m_k 在证明中定义, $k = 1, 2, \cdots, 8$.

证明: 由引理 5.1 知, 存在 $t_3 > T$, 使得当 $t \geqslant t_3$ 时, 有

$$\frac{\mathrm{d}y(t)}{\mathrm{d}t} \geqslant y(t) \big[(r_4^L - c_3^M M_2^2 - c_4^M M_3^2 - p_4^M M_8) - d_3^M y(t) \big]$$

利用引理 2.6, 有

$$\liminf_{t \to \infty} y(t) \geqslant \frac{r_4^L - c_3^M M_2^2 - c_4^M M_3^2 - p_4^M M_8}{d_3^M} := m_4$$

进一步, 存在 $t_4 > t_3$, 当 $t \geqslant t_4$ 时, 有

$$\frac{\mathrm{d}x_1(t)}{\mathrm{d}t} \geq -(r_1^M + k^M \cdot M_4 + p_1^M M_5)x_1(t) + a_1^L x_2(t)$$

$$\frac{\mathrm{d}x_2(t)}{\mathrm{d}t} \geq (r_1^L + k^L \cdot m_4)x_1(t) - (e_1^M M_3 + p_2^M M_6)x_2(t) - d_1^M x_2^2(t)$$

取

$$x_{2*} = \frac{a_1^L(r_1^L + k^L \cdot m_4) - (r_1^M + k^M \cdot M_4 + p_1^M M_5)(e_1^M M_3 + p_2^M M_6)}{(r_1^M + k^M \cdot M_4 + p_1^M M_5)d_1^M}$$

$$0 < m_2 < x_{2*}$$

且

$$\frac{d_1^M m_2^2 + (e_1^M M_3 + p_2^M M_6)m_2}{r_1^L + k^L \cdot m_4} < m_1 < \frac{a_1^L m_2}{r_1^M + k^M \cdot M_4 + p_1^M M_5}$$

$$(5.2.3)$$

则由式(5.2.3),有

$$x_1'(t)\big|_{x_1=m_1,x_2\geq m_2} \geq -(r_1^M + k^M \cdot M_4 + p_1^M M_5)m_1 + a_1^L m_2 > 0$$

$$x_2'(t)\big|_{x_1\geq m_1,x_2=m_2} \geq (r_1^L + k^L \cdot m_4)m_1 - (e_1^M M_3 + p_2^M M_6)m_2 - d_1^M m_2^2 > 0$$

成立. 那么,当 $x_1(t_4) \geq m_1, x_2(t_4) \geq m_2$ 时,有

$$x_1(t) \geq m_1, x_2(t) \geq m_2, t \geq t_4$$

当 $x_1(t_4) < m_1, x_2(t_4) < m_2$ 时,可定义

$$T_1 = \left\{ (x_1,x_2) \,\middle|\, m_1 x_2(t) \geq m_2 x_1(t) > 0, t \geq t_4 \right\}$$

$$T_2 = \left\{ (x_1,x_2) \,\middle|\, m_2 x_1(t) \geq m_1 x_2(t) > 0, t \geq t_4 \right\}$$

$$g(t) = \min\{ m_1 x_2(t), m_2 x_1(t) \}.$$

那么,

$$g(t) = \begin{cases} m_2 x_1(t), & (x_1,x_2) \in T_1 \\ m_1 x_2(t), & (x_1,x_2) \in T_2 \end{cases}$$

由式(5.2.3)有,

$$g'(t)\big|_{T_1} = m_2 x'_1(t) \geqslant m_2 \big[-(r_1^M + k^M \cdot M_4 + p_1^M M_5)x_1(t) + a_1^L x_2(t) \big]$$

$$\geqslant m_2 \bigg[-(r_1^M + k^M \cdot M_4 + p_1^M M_5)x_1(t) + a_1^L \frac{m_2}{m_1}x_1(t) \bigg]$$

$$= m_2 x_1(t) \bigg[-(r_1^M + k^M \cdot M_4 + p_1^M M_5) + a_1^L \frac{m_2}{m_1} \bigg] > 0$$

同样地,

$$g'(t)\big|_{T_2} = m_1 x'_2(t)$$

$$\geqslant m_1 \big[(r_1^L + k^L \cdot m_4)x_1(t) - (e_1^M M_3 + p_2^M M_6)x_2(t) - d_1^M x_2^{\ 2}(t) \big]$$

$$\geqslant m_1 \bigg[(r_1^L + k^L \cdot m_4)\frac{m_1}{m_2}x_2(t) - (e_1^M M_3 + p_2^M M_6)x_2(t) -$$

$$d_1^M m_2 x_2(t) \bigg]$$

$$= m_1 x_2(t) \bigg[(r_1^L + k^L \cdot m_4)\frac{m_1}{m_2} - (e_1^M M_3 + p_2^M M_6) - d_1^M m_2 \bigg]$$

$$> 0$$

所以,当 $(x_1(t),x_2(t)) \in T_1 \cup T_2, t \geqslant t_4$ 时, $g(t)$ 是严格单调递增的,则一定存在 $\hat{t}_5 > t_4$,使得当 $t \geqslant \hat{t}_5$ 时,有

$$x_1(t) \geqslant m_1, x_2(t) \geqslant m_2$$

当 $x_1(t_4) < m_1, x_2(t_4) \geqslant m_2$ 或者 $x_1(t_4) \geqslant m_1, x_2(t_4) < m_2$ 时,同上分别定义 T_1, T_2 和 $g(t)$,同上讨论知,当 $(x_1(t),x_2(t)) \in T_1 \cup T_2, t \geqslant t_4$ 时, $g(t)$ 仍是严格单调递增的,则一定存在 $\tilde{t}_5 > t_4$,使得当 $t \geqslant \tilde{t}_5$ 时,有

$$x_1(t) \geqslant m_1, x_2(t) \geqslant m_2$$

进一步,由系统(5.2.1)的第三个方程,存在 $t_5 > 0$,当 $t \geqslant t_5$ 时,有

$$\frac{\mathrm{d}x_3(t)}{\mathrm{d}t} \geqslant x_3(t)\big[c_2^L(m_4 - k_1)^2 - r_3^M - e_2^M M_2 - p_3^M M_7 - d_2^M x_3(t) \big]$$

由引理2.6,有

$$\liminf_{t \to \infty} x_3(t) \geqslant \frac{c_2^L(m_4 - k_1)^2 - r_3^M - e_2^M M_2 - p_3^M M_7}{d_2^M} \geqslant m_3$$

那么,存在 $t_6 \geqslant \max\{\hat{t}_5, \tilde{t}_5, t_5\}$, 使得当 $t > t_6$ 时,由系统(5.2.1)的第五个和第六个方程有

$$\frac{\mathrm{d}u_i(t)}{\mathrm{d}t} \geqslant \alpha_i^L + \gamma_i^L m_i - \beta_i^M u_i(t),\ i = 1,2,3$$

$$\frac{\mathrm{d}v(t)}{\mathrm{d}t} \geqslant \alpha_4^L + \gamma_4^L m_4 - \beta_4^M v(t)$$

由引理 2.3 知,

$$\liminf_{t \to \infty} u_i(t) \geqslant \frac{\alpha_i^L + \gamma_i^L m_i}{\beta_i^M} \leqslant m_{4+i}, i = 1,2,3$$

$$\liminf_{t \to \infty} v(t) \geqslant \frac{\alpha_4^L + \gamma_4^L m_4}{\beta_4^M} \leqslant m_8$$

取 $T' \geqslant t_6$, 则当 $t \geqslant T'$ 时,有

$$x_1(t) \geqslant m_1, x_2(t) \geqslant m_2, x_3(t) \geqslant m_3, y(t) \geqslant m_4,$$

$$u_1(t) \geqslant m_5, u_2(t) \geqslant m_6, u_3(t) \geqslant m_7, v(t) \geqslant m_8$$

定理 5.1   若系统 (5.2.1) 满足条件 (H_1)、(H_2)、(H_3), 则系统 (5.2.1)是持久的.

证明: 记

$$\Omega = \Big\{ (x_1(t), x_2(t), x_3(t),\ y(t), u_1(t), u_2(t), u_3(t), v(t))^{\mathrm{T}} \mid m_1 \leqslant x_1(t)$$

$$\leqslant M_1, m_2 \leqslant x_2(t) \leqslant M_2, m_3 \leqslant x_3(t) \leqslant M_3, m_4 \leqslant y(t) \leqslant M_4,$$

$$m_5 \leqslant u_1(t) \leqslant M_5, m_6 \leqslant u_2(t) \leqslant M_6, m_7 \leqslant u_3(t) \leqslant M_7,$$

$$m_8 \leqslant v(t) \leqslant M_8 \Big\}$$

由上面的推导过程可以看出,总存在 $\tilde{T} \geqslant T'$, 使得当 $t \geqslant \tilde{T}$ 时,系统 (5.2.1)的具有正初始值的解 $(x_1(t), x_2(t), x_3(t),\ y(t), u_1(t), u_2(t), u_3(t),$

$v(t))^{\mathrm{T}}$ 将进入并保持在上述紧集 Ω 中. 所以,系统(5.2.1)是持久的.

由引理 5.1 和引理 5.2 的证明过程可见,对于系统(5.1.1),容易得出下面的结论:

定理 5.2 若系统(5.1.1)满足条件

$(H_1)'$ $\quad a_1^L > 0, k^L > 0, e_1^L > 0, e_2^L > 0, d_i^L > 0 (i = 1,2,3), r_j^L > 0,$

$\qquad c_j^L > 0 (j = 1,2,3,4)$

$(H_2)'$ $\quad c_2^M M_4^2 > r_3^L$

$(H_3)'$ $\quad r_4^L > c_3^M M_2^2 + c_4^M M_3^2,$

$$a_1^L \left(r_1^L + k^L \cdot \frac{r_4^L - c_3^M M_2^2 - c_4^M M_3^2}{d_3^M} \right) >$$

$$(r_1^M + k^M \cdot M_4) e_1^M M_3,$$

$$c_2^L \left(\frac{r_4^L - c_3^M M_2^2 - c_4^M M_3^2}{d_3^M} - k_1 \right)^2 > e_2^M M_2 + r_3^M$$

其中,$M_l, l = 2,3,4$ 如引理 5.1 所定义,则系统(5.1.1)是持久的.

注释:通常,控制变量对系统的持久性是有影响的. 在现实意义下,建立的数学模型中往往通过"引入控制变量"借以实现系统的持久性和稳定性[103]. 但是以上的结果显示,对于系统(5.1.1)来说,增加或者不增加控制变量,系统都是持久的.

接下来,将考虑系统(5.1.1)概周期解的存在唯一性与一致渐近稳定性.

考虑系统(5.1.1)的现实意义,设系统中各系数均为正的概周期连续函数,则系统(5.1.1)成为一个概周期系统. 为方便起见,记系统(5.1.1)为

$$\omega' = f(t, \omega) \tag{5.2.4}$$

其中 $f: \mathbf{R} \times \mathbb{S}_B \to \mathbf{R}^4$, $\mathbb{S}_B = \{\omega = (x_1, x_2, x_3, y) \in \mathbf{R}^4 \mid \|\omega\| < B\}$

$$\|\omega\| = \sum_{i=1}^{i=3} |x_i(t)| + |y(t)|, B > 0 \text{ 是一个常数}, f(t, \omega) \text{ 对 } \omega \in \mathbb{S}_B$$

关于 t 是一致概周期的, 且关于 ω 是连续的.

定义 5.1[31]　设 $\omega(t)$ 是系统(5.2.4)的正概周期解, 称 $\omega(t)$ 是一致渐近稳定的如果对于系统(5.2.4)的任一其他具有正初值的解 $\varpi\ (t)=(\varphi_1(t)$, $\varphi_2(t), \varphi_3(t), \psi(t))$, 都有

$$\lim_{t \to +\infty} |\ x_i(t) - \varphi_i(t)\ | = 0, \lim_{t \to +\infty} |\ y(t) - \psi(t)\ | = 0, i = 1,2,3$$

引理 5.3[55]　设函数 $V(t,x,y)$ 定义在 $\mathbf{R}^+ \times \mathbb{S}_B \times \mathbb{S}_B$ 上, 满足

（i）$a(\parallel x - y \parallel) \leqslant V(t,x,y) \leqslant b(\parallel x - y \parallel)$, 其中 $a(r)$, $b(r)$ 是连续递增的正定函数, 记 $a(r)$, $b(r) \in CIP$.

（ii）$|\ V(t,x_1,y_1) - V(t,x_2,y_2)\ | \leqslant L(\parallel x_1 - y_1 \parallel + \parallel x_2 - y_2 \parallel)$, 其中 $L > 0$ 是一个常数.

（iii）$D^+ V_{(5.2.4)}(t,x,y) \leqslant -cV(t,x,y)$, 其中 $c > 0$ 是一个常数.

此外, 若系统(5.2.4)有解位于紧集 $\mathbb{S}$ 中, 紧集 $\mathbb{S} \subset \mathbb{S}_B$, 则(5.2.4)在 $\mathbb{S}_B$ 有唯一的概周期解 $p(t)$, $p(t) \in \mathbb{S}$, 它是一致渐近稳定的. 特别地, 当 $f(t,x)$ 关于 t 是 ω 周期的, 则 $p(t)$ 也是周期为 ω 的周期解.

根据定理 5.2 以及系统(5.1.1)的概周期性, 存在正数 $M'_j, m'_j, (j = 1,2,3,4)$ 和 T_0, 使得当 $t \geqslant T_0$ 时, 有

$$m'_1 \leqslant x_1(t) \leqslant M'_1, m'_2 \leqslant x_2(t) \leqslant M'_2, m'_3 \leqslant x_3(t) \leqslant M'_3, m'_4 \leqslant y(t) \leqslant M'_4$$

记 $K = \{ (x_1(t), x_2(t), x_3(t), y(t)) \mid m'_1 \leqslant x_1(t) \leqslant M'_1, m'_2 \leqslant x_2(t) \leqslant M'_2,$

$m'_3 \leqslant x_3(t) \leqslant M'_3, m'_4 \leqslant y(t) \leqslant M'_4, t \geqslant 0 \}$, 现证 K 非空.

引理 5.4　设概周期系统(5.1.1)满足条件 $(H_1)' - (H_3)'$, 则 K 非空.

证明: 由概周期函数的性质知道, 存在序列 $\{t_n\}, t_n \to \infty(n \to \infty)$, 使得当 $n \to \infty$ 时, 有

$$a_1(t + t_n) \to a_1(t), k(t + t_n) \to k(t), e_1(t + t_n) \to e_1(t)$$

$$e_2(t + t_n) \to e_2(t), d_i(t + t_n) \to d_i(t), (i = 1,2,3)$$

$$c_j(t + t_n) \rightarrow c_j(t), r_j(t + t_n) \rightarrow r_j(t), \quad (j = 1,2,3,4)$$

假设 $X(t) = (x_1(t), x_2(t), x_3(t), y(t))^{\mathrm{T}}$ 是系统（5.1.1）满足 $m_1' \leqslant x_1(t) \leqslant M_1', m_2' \leqslant x_2(t) \leqslant M_2', m_3' \leqslant x_3(t) \leqslant M_3', m_4' \leqslant y(t) \leqslant M_4'$ 的一个解，$t \geqslant T_0$，显然，序列 $\{X(t + t_n)\}$ 一致有界，且 $\{X'(t + t_n)\}$ 也一致有界，从而在 $\mathbf{R}^+$ 的任何有界闭区间上 $\{X(t + t_n)\}$ 一致有界、等度连续. 因此由 Ascoli 定理知，存在子列 $\{X(t + t_{n_k})\}$ 当 $k \rightarrow \infty$ 时在 $\mathbf{R}^+$ 的任意紧子集上一致收敛于一个连续函数 $q(t) = (q_1(t), q_2(t), q_3(t), q_4(t))^{\mathrm{T}}$，如果 $T_1 \in \mathbf{R}^+$ 是任意给定的，假设对任意的 n_k 有 $t_{n_k} + T_1 \geqslant T_0$，于是当 $t \geqslant 0$ 时，有

$$x_1(t + t_{n_k} + T_1) = x_1(t_{n_k} + T_1) + \int_{T_1}^{t+T_1} [- r_1(s + t_{n_k})x_1(s + t_{n_k}) +$$

$$a_1(s + t_{n_k})x_2(s + t_{n_k}) - k(s + t_{n_k})x_1(s + t_{n_k})y(s + t_{n_k})]\mathrm{d}s$$

$$x_2(t + t_{n_k} + T_1) = x_2(t_{n_k} + T_1) + \int_{T_1}^{t+T_1} \{r_1(s + t_{n_k})x_1(s + t_{n_k}) +$$

$$r_2(s + t_{n_k})x_2(s + t_{n_k}) + k(s + t_{n_k})x_1(s + t_{n_k})y(s + t_{n_k}) -$$

$$e_1(s + t_{n_k})x_2(s + t_{n_k})x_3(s + t_{n_k}) - d_1(s + t_{n_k})x_2^2(s + t_{n_k}) +$$

$$c_1(s + t_{n_k})x_2(s + t_{n_k})[y(s + t_{n_k}) - k_1]^2\}\mathrm{d}s$$

$$x_3(t + t_{n_k} + T_1) = x_3(t_{n_k} + T_1) + \int_{T_1}^{t+T_1} \{- r_3(s + t_{n_k})x_3(s + t_{n_k}) -$$

$$d_2(s + t_{n_k})x_3^2(s + t_{n_k}) + c_2(s + t_{n_k})x_3(s + t_{n_k})[y(s +$$

$$t_{n_k}) - k_1]^2 - e_2(s + t_{n_k})x_2(s + t_{n_k})x_3(s + t_{n_k})\}\mathrm{d}s$$

$$y(t + t_{n_k} + T_1) = y(t_{n_k} + T_1) + \int_{T_1}^{t+T_1} \{r_4(s + t_{n_k})y(s + t_{n_k}) -$$

$$d_3(s + t_{n_k})y^2(s + t_{n_k}) - c_3(s + t_{n_k})y(s + t_{n_k})[x_2(s +$$

$$t_{n_k}) - k_2]^2 - c_4(s + t_{n_k})y(s + t_{n_k})[x_3(s + t_{n_k}) - k_3]^2\}\mathrm{d}s$$

应用 Lebesgue 控制收敛定理,当 $k \to \infty$ 时,对任意的 $t \geqslant 0$ 有

$$
\begin{cases}
q_1(t + T_1) - q_1(T_1) = \int_{T_1}^{t+T_1} \big[-r_1(s)q_1(s) + a_1(s)q_2(s) - \\
\qquad\qquad\qquad\qquad k(s)q_1(s)q_4(s) \big] \mathrm{d}s \\
q_2(t + T_1) - q_2(T_1) = \int_{T_1}^{t+T_1} \big\{ r_1(s)q_1(s) + r_2(s)q_2(s) + k(s)q_1(s)q_4(s) - \\
\qquad\qquad\qquad\qquad e_1(s)q_2(s)q_3(s) - d_1(s)q_2^2(s) + \\
\qquad\qquad\qquad\qquad c_1(s)q_2(s)\big[q_4(s) - k_1 \big]^2 \big\} \mathrm{d}s \\
q_3(t + T_1) - q_3(T_1) = \int_{T_1}^{t+T_1} \big\{ -r_3(s)q_3(s) - d_2(s)q_3^2(s) + \\
\qquad\qquad\qquad\qquad c_2(s)q_3(s)\big[q_4(s) - k_1 \big]^2 - e_2(s)q_2(s)q_3(s) \big\} \mathrm{d}s \\
q_4(t + T_1) - q_4(T_1) = \int_{T_1}^{t+T_1} \big\{ r_4(s)q_4(s) - d_3(s)q_4^2(s) - \\
\qquad\qquad\qquad\qquad c_3(s)\big[q_2(s) - k_2 \big]^2 q_4(s) - \\
\qquad\qquad\qquad\qquad c_4(s)\big[q_3(s) - k_3 \big]^2 q_4(s) \big\} \mathrm{d}s
\end{cases}
$$

既然 $T_1 \in \mathbf{R}^+$ 是任意给定的,因而 $q(t) = (q_1(t), q_2(t), q_3(t), q_4(t))^{\mathrm{T}}$ 是系统 (5.1.1) 在 $\mathbf{R}^+$ 中的一个解,易见 $m_1' \leqslant q_1(t) \leqslant M_1', m_2' \leqslant q_2(t) \leqslant M_2', m_3' \leqslant q_3(t) \leqslant M_3', m_4' \leqslant q_4(t) \leqslant M_4, t \geqslant 0$,这就证明 $q(t) \in K$,即 K 非空.

定理 5.3 设概周期系统 (5.1.1) 满足条件 $(H_1)' - (H_3)'$ 和 $(H_4)'$ $l_1 > 0, l_2 > 0, l_3 > 0, l_4 > 0$,其中

$$l_1 = r_1^L + k^L m_4 - r_1^M$$

$$l_2 = e_1^L m_3 + 2d_1^L m_2 + e_2^L m_3 - r_2^M - a_1^M - c_1^M (M_4 - k_1)^2$$

$$l_3 = r_3^L + 2d_2^L m_3 - c_2^M (M_4 - k_1)^2$$

$$l_4 = 2d_3^L m_4 + c_3^L (m_2 - k_2)^2 + c_4^L (m_3 - k_3)^2 - r_4^M - k^M M_1$$

则系统 (5.1.1) 存在唯一的一致渐近稳定的正概周期解.

证明:由定理 5.2 知,系统(5.1.1)是持久生存的,K 是这个持续生存区域,显然 K 是紧集. 考虑概周期系统

$$\omega' = f(t,\omega) , \varpi' = f(t,\varpi) \tag{5.2.5}$$

设 $\omega(t) = (x_1(t),x_2(t),x_3(t),y(t))$,$\varpi(t) = (\varphi_1(t),\varphi_2(t),\varphi_3(t),\psi(t))$ 是系统(5.2.5)在 $K \times K$ 上的正解,且对任意的 $\omega(t) \in \mathbf{R}^4$, 定义 $\|\omega\| = \sum_{i=1}^{3} |x_i(t)| + |y(t)|$.

构造 Lyapunov 函数

$$V(t,\omega,\varpi) = \sum_{i=1}^{3} |x_i(t) - \varphi_i(t)| + |y(t) - \psi(t)|$$

$V(t,\omega,\varpi)$ 显然满足引理 5.3 的条件(i). 设

$$\bar{\omega}(t) = (\bar{x}_1(t),\bar{x}_2(t),\bar{x}_3(t),\bar{y}(t)),\bar{\varpi}(t) = (\bar{\varphi}_1(t),\bar{\varphi}_2(t),\bar{\varphi}_3(t),\bar{\psi}(t))$$

是系统(5.2.5)在 $K \times K$ 上的另一正解,则

$$|V(t,\omega,\varpi) - V(t,\bar{\omega},\bar{\varpi})| = \left| \left(\sum_{i=1}^{3} |x_i(t) - \varphi_i(t)| + |y(t) - \psi(t)| \right) - \right.$$

$$\left. \left(\sum_{i=1}^{3} |\bar{x}_i(t) - \bar{\varphi}_i(t)| + |\bar{y}(t) - \bar{\psi}(t)| \right) \right|$$

$$\leq \sum_{i=1}^{3} |x_i(t) - \varphi_i(t)| + |y(t) - \psi(t)| +$$

$$\sum_{i=1}^{3} |\bar{x}_i(t) - \bar{\varphi}_i(t)| + |\bar{y}(t) - \bar{\psi}(t)|$$

$$= \|\omega - \bar{\omega}\| + \|\varpi - \bar{\varpi}\|$$

$V(t,\omega,\varpi)$ 显然满足引理 5.3 的条件(ii).进一步,

$$D^+ V(t,\omega,\varpi) = \text{sgn}(x_1(t) - \varphi_1(t)) \{ - r_1(t)[x_1(t) - \varphi_1(t)] +$$

$$a_1(t)[x_2(t) - \varphi_2(t)] - k(t)[x_1(t)y(t) - \varphi_1(t)\psi(t)] \} +$$

$$\text{sgn}(x_2(t) - \varphi_2(t)) \{ r_1(t)[x_1(t) - \varphi_1(t)] +$$

$$r_2(t)[x_2(t) - \varphi_2(t)] + k(t)[x_1(t)y(t) - \varphi_1(t)\psi(t)] -$$

$$e_1(t)[x_2(t)x_3(t) - \varphi_2(t)\varphi_3(t)] - d_1(t)[x_2^2(t) - \varphi_2^2(t)] +$$

$$c_1(t)[x_2(t)(y(t) - k_1)^2 - \varphi_2(t)(\psi(t) - k_1)^2]\} +$$

$$\mathrm{sgn}(x_3(t) - \varphi_3(t))\{-r_3(t)[x_3(t) - \varphi_3(t)] -$$

$$d_2(t)[x_3^2(t) - \varphi_3^2(t)] + c_2(t)[x_3(t)(y(t) - k_1)^2 -$$

$$\varphi_3(t)(\psi(t) - k_1)^2 - e_2(t)[x_2(t)x_3(t) -$$

$$\varphi_2(t)\varphi_3(t)]\} + \mathrm{sgn}(y(t) - \psi(t))\{r_4(t)[y(t) - \psi(t)] -$$

$$d_3(t)[y^2(t) - \psi^2(t)] - c_3(t)[(x_2(t) - k_2)^2 y(t) -$$

$$(\varphi_2(t) - k_2)^2 \psi(t)] - c_4(t)[(x_3(t) - k_3)^2 y(t) -$$

$$(\varphi_3(t) - k_3)^2 \psi(t)]\}$$

那么,

$$D^+ V(t,\omega,\varpi) \leqslant -[l_1|x_1(t) - \varphi_1(t)| + l_2|x_2(t) - \varphi_2(t)| +$$

$$l_3|x_3(t) - \varphi_3(t)| + l_4|y(t) - \psi(t)|]$$

$$< -l\left[\sum_{i=1}^{3}|x_i(t) - \varphi_i(t)| + |y(t) - \psi(t)|)\right]$$

$$= -l\|\omega - \varpi\|$$

$$= -lV(t,\omega,\varpi)$$

其中, $l = \min\{l_1, l_2, l_3, l_4\} > 0$, 则 $V(t,\omega,\varpi)$ 满足引理 5.3 的条件 (iii),从而系统(5.1.1)存在唯一的正周期解,且此解是一致渐近稳定的.

推论 5.1　若 $a_1(t)$, $k(t)$, $e_1(t), e_2(t)$, $d_i(t)(i = 1,2,3), r_j(t)$, $c_j(t)(j = 1,2,3,4)$ 是正的有界连续 ω 周期函数,周期系统(5.1.1)满足条件 $(H_1') - (H_4)'$, 则周期系统(5.1.1)存在一个一致渐近稳定的 ω 周期解.

5.3 举 例

下面的数值例子说明理论结果是可行的.

例 5.1 对系统(5.2.1),取

$$a_1(t) = 1, k(t) = 2$$

$$r_1(t) = 1, r_2(t) = \frac{1}{2} + |\cos 2t|, r_3(t) = \frac{2}{3} + |\cos 4t|,$$

$$r_4(t) = \frac{1}{4} + |\cos t|$$

$$c_1(t) = 1 + \sin^2 t, c_2(t) = \frac{3}{2}, c_3(t) = \frac{1}{6\,400}, c_4(t) = \frac{1}{900}$$

$$d_1(t) = 1 + |\sin t|, d_2(t) = \frac{1}{20\,000 + |\sin t|}, d_3(t) = \frac{5}{3}$$

$$p_1(t) = \frac{1}{2} + \frac{1}{2}\cos^2 t, p_2(t) = \frac{1}{270}\frac{1}{1 + x^2}, p_3(t) = \frac{1}{227\,000(1 + x)},$$

$$p_4(t) = \frac{3}{800}$$

$$\alpha_1(t) = 1, \alpha_2(t) = \frac{1}{2}, \alpha_3(t) = \frac{1}{3}, \alpha_4(t) = \frac{1}{4}$$

$$\beta_1(t) = 1, \beta_2(t) = \frac{1}{2}, \beta_3(t) = \frac{1}{3}, \beta_4(t) = \frac{1}{4}$$

$$\gamma_1(t) = 1, \gamma_2(t) = \frac{1}{2}, \gamma_3(t) = \frac{1}{3}, \gamma_4(t) = \frac{1}{4}$$

$$e_1(t) = \frac{1}{90}, e_2(t) = \frac{1}{8\,000}$$

$$k_1 = \frac{2}{3}, k_2 = 20\,000, k_3 = 1\,000$$

通过计算,得

$$M_1 = 9, M_2 = 8, M_3 = 226, M_4 = \frac{5}{3},$$

$$M_5 = 10, M_6 = 9, M_7 = 227, M_8 = \frac{8}{3}$$

$$m_1 = 0.07, m_2 = \frac{1}{500}, m_3 = 225, m_4 = 0.132,$$

$$m_5 = 1.07, m_6 = \frac{501}{500}, m_7 = 226, m_8 = 1.132$$

可以验证,满足定理 5.1 的条件,所以系统(5.2.1)是持久的.

例 5.2　对系统(5.1.1),取

$$a_1(t) = 1, k(t) = 2$$

$$c_1(t) = 1 + \sin^2\sqrt{2}\,t, c_2(t) = \frac{3}{2}, c_3(t) = \frac{1}{6\,400}, c_4(t) = \frac{1}{900}$$

$$d_1(t) = 1 + |\sqrt{2}\sin t|, d_2(t) = \frac{1}{20\,000 + |\sqrt{2}\sin t|}, d_3(t) = \frac{5}{3}$$

$$e_1(t) = \frac{1}{90}, e_2(t) = \frac{1}{8\,000}$$

$$r_1(t) = 1, r_2(t) = \frac{1}{2} + |\cos\sqrt{2}\,t + \sin\sqrt{2}\,t|$$

$$r_3(t) = \frac{2}{3} + \frac{\sqrt{2}}{2}|\cos\sqrt{2}\,t + \sin\sqrt{2}\,t|, r_4(t) = \frac{1}{4} + \frac{\sqrt{2}}{2}|\cos\sqrt{2}\,t + \sin\sqrt{2}\,t|$$

$$k_1 = \frac{2}{3}, k_2 = 20\,000, k_3 = 1\,000$$

通过计算,得

$$M_1 = 9, M_2 = 8, M_3 = 226, M_4 = \frac{5}{3}$$

$$m_1 = 0.07, m_2 = \frac{1}{500}, m_3 = 225, m_4 = 0.132$$

$$l_1 = 1 + 2 \times 0.132 - 1 = 0.264 > 0$$

$$l_2 = \frac{1}{90} \times 225 + 2 \times 1 \times \frac{1}{500} + \frac{1}{8\,000} \times 225 - 1 - 1 \approx 0.532 > 0$$

$$l_3 = \frac{2}{3} + 2 \times \frac{1}{2} - \frac{3}{2} \left(\frac{5}{3} - \frac{2}{3} \right)^2 \approx 0.167 > 0$$

$$l_4 = 2 \times \frac{5}{3} \times 0.132 + \frac{1}{6\,400} \times \left(\frac{1}{500} - 20\,000 \right)^2 + \frac{1}{900}(225 - 1\,000)^2 -$$

$$\frac{5}{4} - 9 \approx 63\,157.5 > 0$$

容易验证,满足定理 5.2 和定理 5.3 的条件,所以系统(5.1.1)是持久的,且 (5.1.1)存在唯一的、一致渐近稳定的概周期解.

5.4　分析与建议

　　现实中的企业集群不仅是企业间的竞争或合作,或竞争合作的生存模式, 更是多种共生关系协同进化的生存模式. 本章针对卫星式集群模式下的 4 类 企业,建立了一类新的经济模型,该模型中不仅考虑了不同企业的不同生命周 期特点,同时还涵盖了企业间复杂的共生关系:竞争关系、寄生关系和偏利 关系. 从文中结果可见,模型的持久性与控制变量无关. 基于该模型的持久性结果,进一步研究得到了该模型概周期解的存在唯一性和一致渐近稳定性,文中结果直接的经济解释就是,系统(5.1.1)的持久性不受外界影响,系统能够保持一种动态的平衡,使得集群中的众多企业能够获得持续性生存和稳定发展.

由条件 $(H_3)'$ 可见,企业 B 产出水平增长率需满足条件" $r_4^L > c_3^M M_2^2 + c_4^M M_3^2$",表明企业 B 产出水平增长率足够大,它在决定系统的持久性方面是重要的控制因素,这与模型中的企业 B 为集群主导企业的假设前提是不谋而合的. 企业 B 必为实力雄厚的大型企业,模型的持久性与稳定性很大程度上与企业 B 自身强大的发展能力有关,这种企业本能地具有利他倾向,并且这种倾向并不影响其自身的存在和发展.

由条件 $(H_2)'$ 可见,衰退期企业 A_3 通过对企业 B 中间产品的购买,其生产转化的产出水平要比其自身的增长率高,对中间产品的生产转化率需满足条件 $c_2^L > \dfrac{e_2^M M_3 + r_3^M}{\left(\dfrac{r_4^L - c_3^M M_2^2 - c_4^M M_3^2}{d_3^M} - k_1\right)^2}$,表明企业 A_3 对企业 B 的依赖性很大.

对于萌芽成长期的企业 A_1,其具有资金少、竞争能力弱、创新能力不足的特点. 由于 A_1 是企业 A_2 的生产配套型企业,企业 A_2 可拥有自己的品牌或技术,或拥有自己的市场,而企业 A_1 仅有规模生产和低成本的优势. 因此,其生产效率是企业生存的关键,要保证其能够持续性生存,其生产效率至少需要满足不等式 $a_1^L > \dfrac{(r_1^M + k^M \cdot M_4)e_1^M M_3}{r_1^L + k^L \cdot \dfrac{r_4^L - c_3^M M_2^2 - c_4^M M_3^2}{d_3^M}}$.

对于发展成熟期企业 A_2 来说,资金相对充足,各项软硬件设施完备,对中间产品的获取渠道众多,为了追求局部市场的领导地位,或者说是为了延长企业发展的成熟阶段,企业 A_2 与集群内其他企业均有互动,建立良好的共生关系,共同发展.

本章所研究的集群中企业间相互依存、协作和对立的关系使得企业的共生出现复杂的局面,但集群的存在不是为了个别企业的短期利益,而是为了整个集群的企业成长. 因此,为了集群企业的健康成长,扶持萌芽企业,延长企业成熟期,降低衰退速度,保持整个企业集群的活力,对卫星式企业集群来说,发展建议是:企业家或政府职能部门首先必须熟悉和掌握企业的发展规律(即企业的经济生命周期),并能制定相应的政策或对策来适应或调整不同时期不同企业间的不同关系. 其次,加大发展主导型企业的规模是关键,扶持周边的卫星企业,为成长期企业提供信息支持、资源共享、技术指导等以提高其生产效率,在政府调控下维持企业间的竞争关系,避免恶性竞争给企业带来的损害(从本章定理的证明过程也可见,强劲的竞争力会使衰退期企业持续衰退直至灭绝). 最后,成熟期企业 A_2 在自身发展的前提下,仍需保持与周边企业的良好互动关系,包括与企业 A_3 的适度竞争;衰退期企业 A_3 与企业 A_2 以相同产品竞争相同市场,这样的境况势必会对企业 A_3 造成损害,在这种情况下,为了在市场中取得进一步的生存空间,除了与主导企业 B 加强合作以外,企业 A_3 可采取产品的特化或泛化政策,即要么发挥企业在专业领域具有的显著技术或品牌优势,把个别专业产品"做高、做精、做强",要么及早发现潜在市场,将企业的产品多元化,抢占市场先机.

第6章 具时滞与反馈控制的非自治种群合作共生系统的持久性

6.1 引 言

持久性或一致持久,作为一个有关种群生存、来源于数学生态学的重要概念,自20世纪70年代提出以后,人们对它产生了浓厚的兴趣,并开始研究种群生态系统的持久性问题,并取得了很多优秀的成果,参看文献[34]—[38]、[40]、[41].

在自然界中,种群受自然资源的限制、生存环境和种群竞争的影响而面临各种各样的生存危机,遵循适者生存的进化原则,一些弱势种群将会灭亡,最终种群间形成竞争、合作、寄生、捕食与被捕食等共生关系,建立起一种稳定的动态生态系统. 在众多的共生关系中,合作共生是最重要的种群关系之一,在动物种群和人类社会中都是普遍的. 文献[29]研究了如下具时滞的 Lotka-Volterra 合作系统:

$$\begin{cases} y_1'(t) = y_1(t)\big[r_1 - a_1 y_1(t) - a_{11} y_1(t - \tau_{11}) + a_{12} y_2(t - \tau_{12}) \big] \\ y_2'(t) = y_2(t)\big[r_2 - a_2 y_2(t) - a_{22} y_2(t - \tau_{22}) + a_{21} y_1(t - \tau_{21}) \big] \end{cases}$$

$$(6.1.1)$$

其中 r_i, a_i, a_{ij} 和 τ_{ij} 是常数,且 $a_i > 0, \tau_{ij} > 0 (i, j = 1, 2)$,得出的结论是:时滞能够改变甚至破坏系统(6.1.1)的持久性.

文献[104]中,作者提出了如下的时滞种群合作系统:

$$\begin{cases} \dfrac{dx_1(t)}{dt} = x_1(t)\big(r_1(t) - a_{11}^1(t) x_1(t - \tau) - a_{11}^2(t) x_1(t - 2\tau) + \\ \qquad\qquad a_{12}^1(t) x_2(t - \tau) \big), \\ \dfrac{dx_2(t)}{dt} = x_2(t)\big(r_2(t) + a_{21}^0(t) x_1(t) + a_{21}^1(t) x_1(t - \tau) - a_{22}^0(t) x_2(t) - \\ \qquad\qquad a_{22}^1(t) x_2(t - \tau) \big) \end{cases}$$

$$(6.1.2)$$

得到如下结果:

定理 6.1 假设 $r_i(t) \equiv r_i > 0, a_{ij}^l(t) \equiv a_{ij}^l > 0, 1 \leqslant i, j \leqslant 2, 0 \leqslant l \leqslant 2$,则系统(6.1.2)是持久的,如果满足以下条件:

$$\{ a_{11}^2(1 - 2r_1\tau) + a_{11}^1(1 - r_1\tau) \} a_{22}^0 - a_{12}^1 a_{21}^1 > 0$$

显然,系统(6.1.2)的持久性与时滞 τ 有关.

另一方面,现实世界中的生态系统难免被一些不可预知的力量所干扰,特别是各种不利因素的干扰,从而导致生态参数的变化,比如种群的生存率. 为了抵抗这些不可预知的力量而使得生物种群能够持久生存,我们引入控制变量来研究这些干扰因素的影响,称这些干扰因素为控制变量,许多带控制变量的微分方程模型被大量文献所研究(文献[32]—[45]、[105]、[106]).

基于以上考虑,本章推广了系统(6.1.2),进而考虑下面的具时滞与反馈控制的非自治种群合作共生系统:

$$
\begin{cases}
\dfrac{dx_1(t)}{dt} = x_1(t)\left[r_1(t) - \displaystyle\sum_{i=0}^{2m} a_{11}^i(t)x_1(t-i\tau) + a_{12}(t)x_2(t-m\tau) - \right. \\
\qquad\qquad\qquad \left. a_{13}(t)u_1(t) - a_{14}(t)\displaystyle\int_{-\sigma}^{0} F(s)u_1(t+s)\,ds \right] \\[2mm]
\dfrac{dx_2(t)}{dt} = x_2(t)\left[r_2(t) - \displaystyle\sum_{j=0}^{m} a_{22}^j(t)x_2(t-j\tau) + a_{23}(t)x_1(t-m\tau) - \right. \\
\qquad\qquad\qquad \left. a_{24}(t)\displaystyle\int_{-\sigma}^{0} G(s)u_2(t+s)\,ds \right] \\[2mm]
\dfrac{du_1(t)}{dt} = -e_1(t)u_1(t) + d_1(t)x_1(t) + f_1(t)\displaystyle\int_{-\xi}^{0} H(s)x_1(t+s)\,ds \\[2mm]
\dfrac{du_2(t)}{dt} = -e_2(t)u_2(t) + d_2(t)x_2(t) + f_2(t)\displaystyle\int_{-\eta}^{0} K(s)x_2(t+s)\,ds
\end{cases}
$$

$$(6.1.3)$$

满足如下的初始条件:

$$
\begin{cases}
x_1(t) = \phi_1(t) \geq 0, t \in [-\gamma,0), \phi_1(0) > 0, \\
x_2(t) = \phi_2(t) \geq 0, t \in [-\gamma,0), \phi_2(0) > 0, \\
u_1(t) = \phi_3(t) \geq 0, t \in [-\gamma,0), \phi_3(0) > 0, \\
u_2(t) = \phi_4(t) \geq 0, t \in [-\gamma,0), \phi_4(0) > 0
\end{cases}
\qquad(6.1.4)
$$

其中 $\gamma = \max\{\sigma,\delta,\xi,\eta,2m\tau\}$, $\phi_1(t),\phi_2(t),\phi_3(t),\phi_4(t)$ 在 $[-\gamma,0]$ 上连续, $x_1(t)$ 和 $x_2(t)$ 分别表示种群 x_1 和 x_2 在 t 时刻的种群密度, $r_1(t)$ 和 $r_2(t)$ 分别表示种群 x_1 和 x_2 的内部增长率, $a_{11}^i(t)$ 和 $a_{22}^j(t)$ 分别表示种群 x_1 和 x_2 的自我阻滞系数, $a_{12}(t)$ 和 $a_{23}(t)$ 分别表示种群 x_1 和 x_2 的竞争力系数, $\sigma,\delta,\xi,\eta,\tau$ 是正的常数, $F(s)$, $G(s)$, $H(s)$, $K(s)$ 均为非负连续函数, 且 $\displaystyle\int_{-\sigma}^{0} F(s)\,ds = 1, \displaystyle\int_{-\delta}^{0} G(s)\,ds = 1, \displaystyle\int_{-\xi}^{0} H(s)\,ds = 1, \displaystyle\int_{-\eta}^{0} K(s)\,ds = 1, u_1(t)$ 和 $u_2(t)$ 是控制变

量, $a_{11}^i(t)$, $a_{22}^j(t)$ $(i = 0,1,\cdots,2m; j = 0,1,\cdots,m)$, $r_1(t)$, $r_2(t)$, $a_{12}(t)$, $a_{13}(t)$, $a_{14}(t)$, $a_{23}(t)$, $a_{24}(t)$, $f_1(t)$, $f_2(t)$, $e_1(t)$, $e_2(t)$, $d_1(t)$, $d_2(t)$ 均为正的有界连续实值函数. 考虑到系统(6.1.3)的生物背景, 本章仅考虑系统(6.1.3)的正解. 不难看出, 系统(6.1.3)满足初始条件(6.1.4)的解对所有的 $t \geq 0$ 都有 $x_1(t) > 0$, $x_2(t) > 0$, $u_1(t) > 0$, $u_2(t) > 0$.

显然, 系统(6.1.2)是系统(6.1.3)的特殊情况. 本章的主要目的是发展利用文献[28]中的分析技巧, 建立保证系统(6.1.3)持久性的充分条件, 以及考虑时滞和反馈控制对种群系统持续性生存的影响. 我们知道, 时滞与反馈控制变量能够影响甚至改变种群生存的命运, 我们称之为"有害的"时滞或反馈控制, 否则就是无害的. 本章研究结果表明: 时滞和反馈控制变量对种群系统(6.1.3)的持续性生存是没有影响的, 即它们是无害的. 该结果推广了文献[104]的研究结果, 弱化了定理6.1的持久性条件. 进一步, 举例验证本章结果的合理性与有效性.

6.2　主要结果

为方便研究, 记

$$b_1(t) = a_{11}^{2m}(t) - a_{23}(t - m\tau)$$

$$b_2(t) = a_{22}^0(t - m\tau) - a_{12}(t)$$

其中 a_{11}^{2m}, a_{23}, a_{22}^0 和 a_{12} 与系统(6.1.3)中相同定义.

引理 6.1　假设 $a_{11}^{iL} > 0, a_{22}^{jL} > 0 (i = 0, 1, \cdots, 2m; j = 0, 1, \cdots, m)$，$b_1^L > 0, b_2^L > 0$，那么存在常数 $\Delta > 0$，使得

$$\lim_{t \to +\infty} \sup[x_1(t)x_2(t - m\tau)] \leqslant \Delta < +\infty$$

其中

$$\Delta = \frac{(r_1^M + r_2^M)^2}{a_{11}^{mL} a_{22}^{mL}} \exp\{(r_1^M + r_2^M)m\tau\} \tag{6.2.1}$$

证明：假设 $\lim\limits_{t \to +\infty} \sup[x_1(t)x_2(t - m\tau)] = +\infty$，那么存在子列 $\{t_k\}_{k=1}^{+\infty}$，使得

$$\lim_{t \to +\infty} \sup[x_1(t_k)x_2(t_k - m\tau)] = +\infty$$

$$\frac{\mathrm{d}[x_1(t)x_2(t - m\tau)]}{\mathrm{d}t} \bigg|_{t = t_k} \geqslant 0$$

由系统(6.1.3)，有

$$\frac{\mathrm{d}[x_1(t)x_2(t - m\tau)]}{\mathrm{d}t} \leqslant x_1(t)x_2(t - m\tau)\bigg[r_1(t) - \sum_{i=0}^{2m} a_{11}^i(t)x_1(t - i\tau) +$$

$$a_{12}(t)x_2(t - m\tau)\bigg] + x_1(t)x_2(t - m\tau)\bigg[r_2(t -$$

$$m\tau) - \sum_{j=0}^{m} a_{22}^j(t - m\tau)x_2(t - m\tau - j\tau) +$$

$$a_{23}(t - m\tau)x_1(t - 2m\tau)\bigg]$$

$$\leqslant x_1(t)x_2(t - m\tau)\big[r_1^M + r_2^M - a_{11}^0(t)x_1(t) -$$

$$a_{11}^1(t)x_1(t - \tau) - \cdots - a_{11}^{2m}(t)x_1(t - 2m\tau) +$$

$$a_{12}(t)x_2(t - m\tau) - a_{22}^0(t - m\tau)x_2(t - m\tau) -$$

$$a_{22}^1(t - m\tau)x_2[t - (m + 1)\tau] - \cdots -$$

$$a_{22}^m(t - m\tau)x_2(t - 2m\tau) + a_{23}(t - m\tau)x_1(t - 2m\tau)\big]$$

$$\leqslant x_1(t)x_2(t - m\tau)\big[r_1^M + r_2^M - a_{11}^{0L}x_1(t) -$$

$$a_{11}^{1L}x_1(t-\tau) - \cdots - a_{11}^{(2m-1)L}x_1(t-(2m-1)\tau) -$$

$$b_1(t)x_1(t-2m\tau) - b_2(t)x_1(t-m\tau) - a_{22}^{1L}x_2[t-(m+1)\tau] - \cdots -$$

$$a_{22}^{mL}(t-2m\tau)]$$

$$\leqslant x_1(t)x_2(t-m\tau)[r_1^M + r_2^M] \tag{6.2.2}$$

那么

$$x_1(t-m\tau) \leqslant \frac{r_1^M + r_2^M}{a_{11}^{mL}}$$

从 $t-m\tau$ 到 t_k 积分式(6.2.2),得

$$x_1(t_k)x_2(t_k-m\tau) \leqslant x_1(t_k-m\tau)x_2(t_k-2m\tau)\exp\{(r_1^M+r_2^M)m\tau\}$$

$$\leqslant \frac{r_1^M+r_2^M}{a_{11}^{mL}} \cdot \frac{r_1^M+r_2^M}{a_{22}^{mL}}\exp\{(r_1^M+r_2^M)m\tau\}$$

$$< +\infty \tag{6.2.3}$$

这与假设矛盾. 所以, $\lim\limits_{t\to+\infty}\sup[x_1(t)x_2(t-m\tau)] < +\infty$.

同式(6.2.3)的讨论,有

$$\lim_{t\to+\infty}\sup[x_1(t)x_2(t-m\tau)] \leqslant \Delta = \frac{(r_1^M+r_2^M)^2}{a_{11}^{mL}a_{22}^{mL}}\exp\{(r_1^M+r_2^M)m\tau\}$$

引理 6.2 假设 $a_{11}^{iL} > 0, a_{22}^{jL} > 0(i=0,1,\cdots,2m; j=0,1,\cdots,m), b_k^L > 0,$ $e_k^L > 0(k=1,2)$. 令 $(x_1(t),x_2(t),u_1(t),u_2(t))^T$ 是系统(6.1.3)的任意正解,则存在正的常数 $\overline{M}$, 使得

$$\lim_{t\to+\infty}\sup x_k(t) \leqslant \overline{M}, \lim_{t\to+\infty}\sup u_k(t) \leqslant \overline{M}, k=1,2$$

成立.

证明:由引理6.1,存在 $T_1 > 0$, 使得对所有的 $t > T_1$, 有 $x_1(t)x_2(t-m\tau) \leqslant 2\Delta$, 其中 Δ 定义如式(6.2.1). 那么,由系统(6.1.3)的第一个方程,有

$$\frac{dx_1(t)}{dt} \leqslant x_1(t)\left[r_1^M - \sum_{i=0}^{2m}a_{11}^{iL}x_1(t-i\tau)\right] + a_{12}^M 2\Delta, t > T_1 \tag{6.2.4}$$

运用引理2.1到式(6.2.4),有

$$\lim_{t \to +\infty} \sup x_1(t) \leqslant -\frac{2a_{12}^M \Delta}{r_1^M} + \left(\frac{2a_{12}^M \Delta}{r_1^M} + x_1^*\right) \exp\{r_1^M 2m\tau\} := M_1$$

$$(6.2.5)$$

其中 x_1^* 是方程 $x\left[r_1^M - \sum_{i=0}^{2m} a_{11}^{iL}x\right] + 2a_{12}^M \Delta = 0$ 的唯一正解.

由上面的讨论可知,存在常数 $T_2 > T_1 + \gamma$, 使得当 $t > T_2$ 时,有 $x_1(t) \leqslant 2M_1$. 那么, 由系统(6.1.3)的第二个方程,有

$$\frac{\mathrm{d}x_2(t)}{\mathrm{d}t} \leqslant x_2(t)\left[r_2^M + 2a_{23}^M M_1 - \sum_{j=0}^{m} a_{22}^{jL}x_2(t - j\tau)\right], t > T_2$$

利用引理2.1,有

$$\lim_{t \to +\infty} \sup x_2(t) \leqslant \frac{r_2^M + 2a_{23}^M M_1}{\sum_{j=0}^{m} a_{22}^{jL}} \exp\{(r_2^M + 2a_{23}^M M_1)m\tau\} := M_2$$

$$(6.2.6)$$

进一步,由系统(6.1.3)的第三个方程,可得到如下微分不等式:

$$\frac{\mathrm{d}u_1(t)}{\mathrm{d}t} \leqslant 2(f_1^M + d_1^M)M_1 - e_1^L u_1(t), t > T_2$$

利用引理2.3(Ⅱ)到上面的微分不等式,得

$$\lim_{t \to +\infty} \sup u_1(t) \leqslant \frac{2(f_1^M + d_1^M)M_1}{e_1^L} := M_3 \qquad (6.2.7)$$

同样地,存在 $T_3 > T_2 + \gamma$, 使得当 $t > T_3$ 时有 $x_2(t) \leqslant 2M_2$. 那么,由系统 (6.1.3),有

$$\frac{\mathrm{d}u_2(t)}{\mathrm{d}t} \leqslant 2(f_2^M + d_2^M)M_2 - e_2^L u_2(t), t > T_3$$

和

$$\lim_{t \to +\infty} \sup u_2(t) \leqslant \frac{2(f_2^M + d_2^M)M_2}{e_2^L} := M_4 \qquad (6.2.8)$$

结合式(6.2.5)、式(6.2.6)、式(6.2.7)和式(6.2.8),令

$$\bar{M} := \max\{M_1, M_2, M_3, M_4\}$$

显然,$\bar{M}$ 与系统(6.1.3)的解无关,且

$$\limsup_{t \to +\infty} x_k(t) \leqslant \bar{M}, \limsup_{t \to +\infty} u_k(t) \leqslant \bar{M}, k = 1,2$$

引理 6.3 假设 $a_{11}^{iL} > 0, a_{22}^{jL} > 0 (i = 0,1,\cdots,2m; j = 0,1,\cdots,m), b_k^L > 0,$ $r_k^L > 0, d_k^L > 0, f_k^L > 0, e_k^L > 0 (k = 1,2).$ 令 $(x(t), u(t))^{\mathrm{T}} = (x_1(t), x_2(t),$ $u_1(t), u_2(t))^{\mathrm{T}}$ 是系统(6.1.3)的任意正解,则存在一个正的常数 $\bar{m}$, 使得

$$\liminf_{t \to +\infty} x_k(t) \geqslant \bar{m}, \liminf_{t \to +\infty} u_k(t) \geqslant \bar{m}, k = 1,2$$

成立.

证明: 由系统(6.1.3)的第一个方程及引理6.2,存在常数 $T_4 > T_3 + \gamma$, 使得当 $t > T_4$ 时,有 $x_k(t) \leqslant 2\bar{M}, u_k(t) \leqslant 2\bar{M}, k = 1,2$, 那么,

$$\frac{\mathrm{d}x_1(t)}{\mathrm{d}t} \geqslant x_1(t)\left[r_1^L - \sum_{i=0}^{2m} a_{11}^{iM} 2\bar{M} - 2(a_{13}^M + a_{14}^M)\bar{M}\right], t > T_4$$

$$\geqslant x_1(t)\left[-\sum_{i=0}^{2m} a_{11}^{iM} 2\bar{M} - 2(a_{13}^M + a_{14}^M)\bar{M}\right] = x_1(t) \cdot \theta$$

$$(6.2.9)$$

其中 $\theta = -2\sum_{i=0}^{2m} a_{11}^{iM}(t)\bar{M} - 2(a_{13}^M + a_{14}^M)\bar{M} < 0.$

从 α 到 $t(\alpha \leqslant t)$ 积分式(6.2.9),得

$$x_1(\alpha) \leqslant x_1(t)\exp\{-\theta(t - \alpha)\} \tag{6.2.10}$$

由式(6.2.10),有

$$x_1(t + s) \leqslant x_1(t)\exp\{\theta s\}, s \leqslant 0 \tag{6.2.11}$$

由系统(6.1.3)的第三个方程,有

$$\frac{\mathrm{d}u_1(t)}{\mathrm{d}t} \leqslant -e_1^L u_1(t) + d_1^M x_1(t) + f_1^M \int_{-\xi}^0 H(s)x_1(t)\exp\{\theta s\}\,\mathrm{d}s$$

$$\leqslant -e_1^L u_1(t) + d_1^M x_1(t) + f_1^M \exp\{-\theta\xi\}x_1(t)$$

$$= -e_1^L u_1(t) + (d_1^M + f_1^M \exp\{-\theta\xi\})x_1(t) \tag{6.2.12}$$

运用引理2.4到式(6.2.12),当 $t \geqslant \alpha \geqslant T_4 + \gamma$ 时,得

$$u_1(t) \leqslant u_1(t-\alpha)\exp\{-e_1^L\alpha\} + \int_{t-\alpha}^t (d_1^M + f_1^M\exp\{-\theta\xi\})x_1(r)\exp\{e_1^L(r-t)\}\mathrm{d}r$$

$$\leqslant u_1(t-\alpha)\exp\{-e_1^L\alpha\} + (d_1^M + f_1^M\exp\{-\theta\xi\})$$

$$\int_{t-\alpha}^t x_1(t)\exp\{-\theta(t-r)\}\exp\{e_1^L(r-t)\}\mathrm{d}r$$

$$\leqslant u_1(t-\alpha)\exp\{-e_1^L\alpha\} + \left(d_1^M + f_1^M\exp\{-\theta\xi\}\right)\frac{1}{\theta}(1-\exp\{-\theta\alpha\})x_1(t)$$

$$= u_1(t-\alpha)\exp\{-e_1^L\alpha\} + px_1(t)$$

其中 $p = \dfrac{1}{\theta}(d_1^M + f_1^M\exp\{-\theta\xi\})(1-\exp\{-\theta\alpha\}) > 0$. 注意到,对足够大的

t, α 和 $t-\alpha > T_4$,有 $u_1(t-\alpha) \leqslant 2\bar{M}$. 这样,当 $t > T_4 + \alpha$ 时,有

$$u_1(t) \leqslant 2\bar{M}\exp\{-e_1^L\alpha\} + px_1(t) \qquad (6.2.13)$$

结合式(6.2.11)、式(6.2.13),当 $t > T_4 + \alpha + \gamma$ 时,有

$$u_1(t+s) \leqslant 2\bar{M}\exp\{-e_1^L\alpha\} + px_1(t+s), \quad -\gamma \leqslant s \leqslant 0$$

$$\leqslant 2\bar{M}\exp\{-e_1^L\alpha\} + px_1(t)\exp\{\theta s\} \qquad (6.2.14)$$

将式(6.2.13)、式(6.2.14)代入系统(6.1.3)的第一个方程,对所有的 $t > T_4 + \alpha + 2\gamma$,有

$$\frac{\mathrm{d}x_1(t)}{\mathrm{d}t} \geqslant x_1(t)\Big[r_1^L - \sum_{i=0}^{2m} a_{11}^{iM}x_1(t-i\tau) -$$

$$a_{13}^M(2\bar{M}\exp\{-e_1^L\alpha\} + px_1(t)) -$$

$$a_{14}^M\int_{-\sigma}^0 F(s)(2\bar{M}\exp\{-e_1^L\alpha\} + px_1(t)\exp\{\theta s\})\mathrm{d}s\Big]$$

$$\geqslant x_1(t)\Big[r_1^L - \sum_{i=0}^{2m} a_{11}^{iM}x_1(t-i\tau) -$$

$$a_{13}^M(2\bar{M}\exp\{-e_1^L\alpha\}) - a_{13}^M px_1(t) -$$

$$a_{14}^M(2\bar{M}\exp\{-e_1^L\alpha\} + px_1(t)\exp\{-\theta\sigma\})\Big]$$

$$= x_1(t)\Big[r_1^L - (a_{13}^M p + a_{14}^M p\exp\{-\theta\sigma\})x_1(t) -$$

$$\sum_{i=0}^{2m} a_{11}^{iM} x_1(t - i\tau) - (a_{13}^M + a_{14}^M) 2\overline{M} \exp\{-e_1^L \alpha\}]$$

注意到,对足够大的 t,$\alpha \to +\infty$,$\exp\{-e_1^L \alpha\} \to 0$. 那么,存在常数 α_0:

$$\alpha_0 = \max\left\{\frac{1}{e_1^L} \ln \frac{6(a_{13}^M + a_{14}^M)\overline{M}}{r_1^L} + 1, T_4 + \gamma\right\}$$

使得

$$(a_{13}^M + a_{14}^M) 2\overline{M} \exp\{-e_1^L \alpha\} < \frac{r_1^L}{3}, \alpha \geqslant \alpha_0$$

那么,当 $t > T_4 + \alpha_0 + 2\gamma = T_5$ 时,有

$$\frac{dx_1(t)}{dt} \geqslant x_1(t)\left[\frac{2r_1^L}{3} - (a_{13}^M p' + a_{14}^M p' \exp\{-\theta\sigma\} + a_{11}^{0M}) x_1(t) -\right.$$

$$\left. a_{11}^{1M} x_1(t - \tau) - \cdots - a_{11}^{2mM} x_1(t - 2m\tau)\right] \qquad (6.2.15)$$

其中,

$$p' = \frac{1}{\theta}(d_1^M + f_1^M \exp(-\theta\xi))(1 - \exp(-\theta\alpha_0)) > 0$$

运用引理 2.2 到微分不等式(6.2.15),得

$$\liminf_{t \to +\infty} x_1(t) \geqslant m_1 = \frac{\frac{2}{3} r_1^L}{\mu} \exp\left\{\left(\frac{2}{3} r_1^L - \mu k_1\right) 2m\tau\right\} > 0 \quad (6.2.16)$$

其中,

$$\mu = a_{13}^M p' + a_{14}^M p' \exp\{-\theta\sigma\} + \sum_{i=0}^{2m} a_{11}^{iM} > 0, \quad k_1 = \frac{2r_1^L}{3\mu} \exp\left\{\frac{4}{3} r_1^L m\tau\right\} > 0.$$

类似于(6.2.16)的证明,可以证明

$$\liminf_{t \to +\infty} x_2(t) \geqslant m_2 = \frac{\frac{2}{3} r_2^L}{v} \exp\left\{\left(\frac{2}{3} r_2^L - v k_2\right) m\tau\right\} > 0 \quad (6.2.17)$$

其中,

$$v = a_{24}^M \tilde{p} \exp\{-\tilde{\theta}\delta\} + \sum_{j=0}^{m} a_{22}^{jM}$$

$$\tilde{\theta} = - \sum_{j=0}^{m} a_{22}^{jM} 2\bar{M} - 2a_{24}^{M} 2\bar{M}$$

$$\tilde{p} = \frac{1}{\tilde{\theta}} (d_2^M + f_2^M \exp\{-\tilde{\theta}\eta\})(1 - \exp\{-\tilde{\theta}\tilde{\alpha}_0\})$$

$$\tilde{\alpha}_0 = \max\left\{\frac{1}{e_2^L} \ln \frac{6a_{24}^M \bar{M}}{r_2^L} + 1, T_5 + \gamma\right\}$$

$$k_2 = \frac{2r_2^L}{3v} \exp\left\{\frac{2}{3} r_2^L m\tau\right\}$$

由上面的讨论可知,存在 $T_6 > T_5 + \tilde{\alpha}_0 + 2\gamma$,使得

$$x_1(t) \geq \frac{1}{2}m_1, x_2(t) \geq \frac{1}{2}m_2, t > T_6 + \gamma$$

进一步,由系统(6.1.3),有

$$\frac{\mathrm{d}u_1(t)}{\mathrm{d}t} \geq \frac{1}{2}(f_1^L + d_1^L)m_1 - e_1^M u_1(t)$$

$$\frac{\mathrm{d}u_2(t)}{\mathrm{d}t} \geq \frac{1}{2}(f_2^L + d_2^L)m_2 - e_2^M u_2(t)$$

运用引理 2.3(I)到以上的微分不等式,得

$$\liminf_{t \to +\infty} u_1(t) \geq m_3 = \frac{(d_1^L + f_1^L)m_1}{2e_1^M} > 0 \qquad (6.2.18)$$

和

$$\liminf_{t \to +\infty} u_2(t) \geq m_4 = \frac{(d_2^L + f_2^L)m_2}{2e_2^M} > 0 \qquad (6.2.19)$$

结合式(6.2.16)、式(6.2.17)、式(6.2.18)和式(6.2.19),设 $\bar{m} := \min\{m_1, m_2, m_3, m_4\}$,那么,

$$\liminf_{t \to +\infty} x_k(t) \geq \bar{m}, \liminf_{t \to +\infty} u_k(t) \geq \bar{m}, k = 1,2$$

定理 6.2　假设 $a_{11}^{iL} > 0, a_{22}^{jL} > 0(i = 0,1,\cdots,2m; j = 0,1,\cdots,m)$,$b_k^L > 0, r_k^L > 0, d_k^L > 0, f_k^L > 0, e_k^L > 0(k = 1,2)$,则系统(6.1.3)是持久的.

证明:结合引理 6.2 和引理 6.3,结论是显然的.

在系统(6.1.3)中，$u_k(t)(k=1,2)$ 是控制变量，不考虑控制变量的持久性，就有如下推论：

推论 6.1 设 $a_{11}^{iL} > 0, a_{22}^{jL} > 0(i=0,1,\cdots,2m; j=0,1,\cdots,m), b_k^L > 0,$ $r_k^L > 0(k=1,2)$，则系统(6.1.3)是持久的.

6.3 举 例

下面的数值例子说明理论结果是可行的.

例 6.1 考虑如下系统：

$$
\begin{cases}
\dfrac{\mathrm{d}x_1(t)}{\mathrm{d}t} = x_1(t)\left[1 - \dfrac{1}{2}x_1(t) - \dfrac{2}{3}x_1(t-\tau) - e^2 x_1(t-2\tau) + \right. \\
\qquad\qquad \left. \dfrac{1}{4}x_2(t-\tau) - e^{-5}u_1(t) - \dfrac{5}{6}\displaystyle\int_{-1}^{0} F(s)u_1(t+s)\mathrm{d}s\right] \\[2mm]
\dfrac{\mathrm{d}x_2(t)}{\mathrm{d}t} = x_2(t)\left[1 - \dfrac{11}{4}x_2(t) - \dfrac{1}{15}x_2(t-\tau) + x_1(t-\tau) - \right. \\
\qquad\qquad \left. \dfrac{2}{e}\displaystyle\int_{-1}^{0} G(s)u_2(t+s)\mathrm{d}s\right] \\[2mm]
\dfrac{\mathrm{d}u_1(t)}{\mathrm{d}t} = -\dfrac{1}{2}u_1(t) + e x_1(t) + \dfrac{1}{4}\displaystyle\int_{-1}^{0} H(s)x_1(t+s)\mathrm{d}s \\[2mm]
\dfrac{\mathrm{d}u_2(t)}{\mathrm{d}t} = -u_2(t) + \dfrac{5}{3}x_2(t) + e^{-2}\displaystyle\int_{-1}^{0} K(s)x_2(t+s)\mathrm{d}s
\end{cases}
\tag{6.3.1}
$$

初始条件

$$x_k(t) = \phi_k(t) \geq 0, t \in [-\gamma, 0], \phi_k(0) > 0, k = 1, 2$$

$$u_k(t) = \varphi_k(t) \geq 0, t \in [-\gamma, 0], \varphi_k(0) > 0, k = 1, 2$$

其中 $\gamma = \max\{1, 2\tau\}$，$\tau$ 是常数(即使 τ 足够大,但 τ 是有限的). 容易验证,定理 6.2 的条件是满足的:

$$a_{11}^0 = \frac{1}{2} > 0, a_{11}^1 = \frac{2}{3} > 0, a_{11}^2 = e^2 > 0, a_{22}^0 = \frac{11}{4} > 0, a_{22}^1 = \frac{1}{15} > 0$$

$$b_1 = e^2 - 1 = 6.389 > 0, b_2 = \frac{11}{4} - \frac{1}{4} = 2.5 > 0, r_1 = r_2 = 1 > 0$$

$$d_1 = e > 0, d_2 = \frac{5}{3} > 0, f_1 = \frac{1}{4} > 0, f_2 = e^{-2} > 0, e_1 = \frac{1}{2} > 0, e_2 = 1 > 0$$

那么,系统(6.3.1)是持久的.

例 6.2　考虑如下的系统[文献[104]中的例 3.1]:

$$\begin{cases} \dfrac{dx_1(t)}{dt} = x_1(t) \left[1 - x_1(t - 2\tau) - ex_1(t - \tau) + 2e^{-\frac{11}{4}} x_2(t - \tau) \right] \\ \dfrac{dx_2(t)}{dt} = x_2(t) \left[1 + \dfrac{2}{3} e^{\frac{1}{4}} x_1(t - \tau) - \dfrac{1}{2} x_2(t) - \dfrac{1}{6} e^2 x_2(t - \tau) \right] \end{cases}$$

$$(6.3.2)$$

及初始条件

$$x_i(t) = \phi_i(t) \geq 0, t \in [-2\tau, 0], \phi_i(0) > 0, i = 1, 2$$

容易验证,推论 6.1 的条件是满足的:

$$a_{11}^1 = e > 0, a_{11}^2 = 1 > 0, a_{22}^0 = \frac{1}{2} > 0, a_{22}^1 = \frac{1}{6} e^2 > 0$$

$$b_1 = 1 - \frac{2}{3} e^{\frac{1}{4}} = 0.14398 > 0, b_2 = \frac{1}{2} - 2e^{-\frac{11}{4}} = 0.37214 > 0$$

$$r_1 = r_2 = 1 > 0$$

那么,系统(6.3.2)是持久的,与时滞 τ 无关.

然而,在文献[104]中,系统(6.3.2)的持久性必须在限制条件

$$0 < \tau < \frac{1 + e - \dfrac{8}{3} e^{-\frac{5}{2}}}{e + 2}$$

下才能得到,时滞 τ 对系统(6.3.2)的持久性起决定性作用. 显然,推论 6.1 中的充分条件比定理 6.1 中的充分条件更易于验证,且放宽了系统(6.3.2) 持久性的充分条件.

第7章 时间尺度上具饱和传染力和反馈控制的 Schoener 种群竞争模型的持久性和概周期解的一致渐近稳定性

7.1 引 言

近年来,随着致命性传染病如 AIDS, SARS, HIV 和 H5N1 等的出现,传染病对人类和其他物种造成了严重的生命威胁,这使得越来越多的学者致力于对传染病模型的研究,传染病生态学也很快成为生物数学的一个重要分支. 另一方面,竞争是自然界中物种生存的重要策略之一,这在生态系统中是比较普遍的现象. 在众多的种群生态系统中,对于 Schoener 在 1974 年提出的实用性很强的两种群竞争系统的研究较少,文献[62]、[107]、[108]关注并分别对具有扩散、时滞、脉冲影响的 Schoener 型竞争系统作了研究,但均未考虑种群之间存在传染病的情况.

文献[65]提出并考虑了如下具饱和传染力的 Schoener 种群竞争系统:

$$\begin{cases} \dfrac{\mathrm{d}X(t)}{\mathrm{d}t} = X(t)\left[\dfrac{r_1(t)}{X(t) + k_1(t)} - a_1(t)X(t) - b_1(t)S(t) - c_1(t)\right] \\[3mm] \dfrac{\mathrm{d}S(t)}{\mathrm{d}t} = S(t)\left[\dfrac{r_2(t)}{S(t) + k_2(t)} - a_2(t)(S(t) + I(t)) - \right. \\[3mm] \qquad\qquad\quad \left. b_2(t)X(t) - \dfrac{\beta(t)I(t)}{1 + \alpha(t)S(t)} - c_2(t)\right] \\[3mm] \dfrac{\mathrm{d}I(t)}{\mathrm{d}t} = I(t)\left[\dfrac{\beta(t)S(t)}{1 + \alpha(t)S(t)} - d_1(t)I(t) - d_2(t)\right] \end{cases} \qquad (7.1.1)$$

其中 X, Y 两个种群相互竞争,其竞争关系满足 Schoener 竞争模型,而 Y 种群内存在着一种传染病, $S(t)$ 表示 Y 种群中健康者的种群密度, $I(t)$ 表示 Y 种群中感染者的种群密度,且 $Y(t) = S(t) + I(t)$. 他们分别研究了系统(7.1.1)的正解和概周期解的存在性.

在自然界中,严格的周期变化是不可能的,概周期性变化对客观描述自然界的变化规律更为准确,概周期现象是比周期现象更为普遍的一类现象,因此研究种群生态模型的概周期解比周期解更贴近实际,其重要性不言而喻. 另一方面,在现实世界中,生态系统常常会受到来自外界的各种因素的影响,特别是各种不利因素的干扰,从而导致生态系统的各种参数的变化,比如内禀增长率. 因此,研究具反馈控制的生态系统是可行的,也是合理的,参看文献[35]—[37]、[40]—[42]及所引文献.

众所周知,离散系统与连续系统具有同等的重要性,且在一些情形下,离散系统比连续系统更具优势,如离散便于数值计算和模拟,且在描述一些生态过程中,一些物种世代不交叠,只能用差分方程模型来刻画. 正如第2

章中所介绍的那样, Stefan. Hilger 提出的时间尺度理论将微分方程模型的连续型分析和离散型分析统一在一起, 使得研究时间尺度上的微分方程模型具有重要的理论意义和研究价值. 然而, 到目前为止, 时间尺度上概周期系统的研究结果还很少, 对时间尺度上概周期系统的研究还处在起步阶段. 在文献[93]中, 作者提出了概周期时间尺度的概念, 以及时间尺度上概周期函数的定义和相关性质, 为时间尺度上概周期系统的研究奠定了重要的理论基础.

　　基于以上考虑, 考虑种群内竞争、传染病和反馈控制等因素, 本章研究一类时间尺度上具传染病效力和反馈控制的 Schoener 种群竞争模型, 且考虑疾病在传染过程中具有非线性的饱和传染力, 具体意义可参见文献[109]、[110]. 我们拟研究的模型如下:

$$
\begin{cases}
x^{\Delta}(t) = r_1(t) + \dfrac{f_1(t)}{k_1(t) + \exp\{x(t)\}} - a_1(t)\exp\{x(t)\} - \\
\qquad b_1(t)[\exp\{y(t)\} - c_2]^2 - d_1(t)u_1(t) \\[2mm]
y^{\Delta}(t) = r_2(t) + \dfrac{f_2(t)}{k_2(t) + \exp\{y(t)\}} - a_2(t)[\exp\{y(t)\} + \\
\qquad \exp\{z(t)\}] - b_2(t)[\exp\{x(t)\} - c_1]^2 - \\
\qquad \dfrac{\alpha(t)\exp\{z(t)\}}{1 + \beta(t)\exp\{y(t)\}} - d_2(t)u_2(t) \\[2mm]
z^{\Delta}(t) = r_3(t) + \dfrac{\alpha(t)\exp\{y(t)\}}{1 + \beta(t)\exp\{y(t)\}} - a_3(t)\exp\{z(t)\} - d_3(t)u_3(t) \\[2mm]
u_1^{\Delta}(t) = p_1(t) - e_1(t)u_1(t) + q_1(t)\exp\{x(t)\} \\[2mm]
u_2^{\Delta}(t) = p_2(t) - e_2(t)u_2(t) + q_2(t)\exp\{y(t)\} \\[2mm]
u_3^{\Delta}(t) = p_3(t) - e_3(t)u_3(t) + q_3(t)\exp\{z(t)\}
\end{cases}
\tag{7.1.2}
$$

其中 X, Y 代表两个满足 Schoener 竞争模型的种群, $x(t)$ 表示 X 种群的种群密度, $Y(t) = y(t) + z(t)$, $y(t)$ 表示 Y 种群中健康者的种群密度, $z(t)$ 表示 Y 种群中感染者的种群密度, $a_i(t), r_i(t), d_i(t), p_i(t), q_i(t), e_i(t)$ $(i = 1,2,3)$, $b_j(t), f_j(t), k_j(t)$ $(j = 1,2)$, $\alpha(t), \beta(t)$ 均为有界的正的概周期函数, $t \in \mathbb{T}$, $\mathbb{T}$ 是概周期时间尺度(在第 2 章中定义), $u_1(t), u_2(t)$ 和 $u_3(t)$ 是控制变量, c_1, c_2 分别是种群 X, Y 的初始数量, c_1, c_2 是正的常数. 本章利用时间尺度上的概周期函数理论和构造恰当的 Lyapunov 函数的方法, 获得了时间尺度上保证该系统持久性和概周期解的存在唯一性以及一致渐近稳定性的充分条件. 据我们所知, 到目前为止, 还没有文献资料研究时间尺度上具传染效力和反馈控制的 Schoener 竞争模型的概周期解问题.

注7.1 令 $N_1(t) = \exp\{x(t)\}, N_2(t) = \exp\{y(t)\}, N_3(t) = \exp\{z(t)\}$. 当 $\mathbb{T} = \mathbf{R}$, 那么系统 $(7.1.2)$ 可改写为

$$
\begin{cases}
N_1'(t) = N_1(t)\Big[r_1(t) + \dfrac{f_1(t)}{k_1(t) + N_1(t)} - a_1(t)N_1(t) - \\
\qquad\qquad b_1(t)\big[N_2(t) - c_2\big]^2 - d_1(t)u_1(t)\Big] \\[2mm]
N_2'(t) = N_2(t)\Big[r_2(t) + \dfrac{f_2(t)}{k_2(t) + N_2(t)} - a_2(t)\big[N_2(t) + N_3(t)\big] - \\
\qquad\qquad b_2(t)\big[N_1(t) - c_1\big]^2 - \dfrac{\alpha(t)N_3(t)}{1 + \beta(t)N_2(t)} - d_2(t)u_2(t)\Big] \\[2mm]
N_3'(t) = N_3(t)\Big[r_3(t) + \dfrac{\alpha(t)N_2(t)}{1 + \beta(t)N_2(t)} - a_3(t)N_3(t) - d_3(t)u_3(t)\Big] \\[2mm]
u_1'(t) = p_1(t) - e_1(t)u_1(t) + q_1(t)N_1(t) \\[1mm]
u_2'(t) = p_2(t) - e_2(t)u_2(t) + q_2(t)N_2(t) \\[1mm]
u_3'(t) = p_3(t) - e_3(t)u_3(t) + q_3(t)N_3(t)
\end{cases}
\qquad (7.1.3)
$$

当 $\mathbb{T} = \mathbf{Z}$，系统 (7.1.2) 可改写为

$$
\begin{cases}
N_1(n+1) = N_1(n)\exp\Big\{ r_1(n) + \dfrac{f_1(n)}{k_1(n)+N_1(n)} - a_1(n)N_1(n) - \\
\qquad\qquad b_1(n)\big[N_2(n)-c_2\big]^2 - d_1(n)u_1(n) \Big\} \\[2mm]
N_2(n+1) = N_2(n)\exp\Big\{ r_2(n) + \dfrac{f_2(n)}{k_2(n)+N_2(n)} - \\
\qquad\qquad a_2(n)\big[N_2(n)+N_3(n)\big] - b_2(n)\big[N_1(n)-c_1\big]^2 - \\
\qquad\qquad \dfrac{\alpha(n)N_3(n)}{1+\beta(n)N_2(n)} - d_2(n)u_2(n) \Big] \\[2mm]
N_3(n+1) = N_3(n)\exp\Big\{ r_3(n) + \dfrac{\alpha(n)N_2(n)}{1+\beta(n)N_2(n)} - a_3(n)N_3(n) \\
\qquad\qquad - d_3(n)u_3(n) \Big\} \\[2mm]
u_1(n+1) = p_1(n) - e_1(n)u_1(n) + q_1(n)N_1(n) \\
u_2(n+1) = p_2(n) - e_2(n)u_2(n) + q_2(n)N_2(n) \\
u_3(n+1) = p_3(n) - e_3(n)u_3(n) + q_3(n)N_3(n)
\end{cases} \tag{7.1.4}
$$

特别地，在系统 (7.1.3) 中，如果去掉 $r_i(t)$，且令 $c_1=0, c_2=0, u_i(t)\equiv 1, i=1,2,3$，那么，系统 (7.1.3) 就变成了系统 (7.1.1). 显然，系统 (7.1.3) 和系统 (7.1.4) 都是系统 (7.1.2) 的特殊情况. 这样，当我们考虑系统 (7.1.2) 的持久性和概周期解的存在唯一性以及一致渐近稳定性时，对系统 (7.1.3) 和系统 (7.1.4) 的相应结果就都能够获得.

从生态学的角度来说，我们关心的是系统 (7.1.2) 的正解. 因此，本章中假设系统 (7.1.2) 的初始条件为

$$x(0) > 0, y(0) > 0, z(0) > 0, u_1(0) > 0, u_2(0) > 0, u_3(0) > 0$$

设 $f(t)$ 是定义在时间尺度 $\mathbb{T}$ 上的正概周期函数，记

$$f^M = \sup_{t \in \mathbb{T}} f(t), f^L = \inf_{t \in \mathbb{T}} f(t)$$

本章中,假设以下条件成立:

(H_1) $a_i(t), r_i(t), d_i(t), p_i(t), q_i(t), e_i(t)(i = 1,2,3), b_j(t), f_j(t), k_j(t)$
$(j = 1,2), \alpha(t), \beta(t)$ 均为正概周期函数, $t \in \mathbb{T}$,且满足

$$0 < a_i^L \leqslant a_i(t) \leqslant a_i^M, 0 < r_i^L \leqslant r_i(t) \leqslant r_i^M, 0 < d_i^L \leqslant d_i(t) \leqslant d_i^M$$

$$0 < p_i^L \leqslant p_i(t) \leqslant p_i^M, 0 < q_i^L \leqslant q_i(t) \leqslant q_i^M, 0 < e_i^L \leqslant e_i(t) \leqslant e_i^M$$

$$0 < b_j^L \leqslant b_j(t) \leqslant b_j^M, 0 < f_j^L \leqslant f_j(t) \leqslant f_j^M, 0 < k_j^L \leqslant k_j(t) \leqslant k_j^M$$

$$0 < \alpha^L \leqslant \alpha(t) \leqslant \alpha^M, 0 < \beta^L \leqslant \beta(t) \leqslant \beta^M$$

(H_2) $-a_i^M, -a_i^L, -e_i^M, -e_i^L \in \mathcal{R}^+$

7.2   主要结果

在系统(7.1.2)概周期系数的假设条件下,首先,我们考虑系统(7.1.2)的持久性问题.

引理7.1   假设 (H_1)、(H_2) 和

(H_3) $r_1^M + \dfrac{f_1^M}{k_1^L} > a_1^L, r_2^M + \dfrac{f_2^M}{k_2^L} > a_2^L, r_3^M + \dfrac{\alpha^M}{\beta^L} > a_3^L$

成立,那么系统(7.1.2)的任一解 $(x(t), y(t), z(t), u_1(t), u_2(t), u_3(t))^{\mathrm{T}}$ 满足

$$\limsup_{t \to \infty} x(t) \leqslant M_1, \limsup_{t \to \infty} y(t) \leqslant M_2$$

$$\limsup_{t\to\infty} z(t) \leqslant M_3, \limsup_{t\to\infty} u_1(t) \leqslant M_4$$

$$\limsup_{t\to\infty} u_2(t) \leqslant M_5, \limsup_{t\to\infty} u_3(t) \leqslant M_6$$

其中:

$$M_1 = \frac{r_1^M + \dfrac{f_1^M}{k_1^L} - a_1^L}{a_1^L}$$

$$M_2 = \frac{r_2^M + \dfrac{f_2^M}{k_2^L} - a_2^L}{a_2^L}$$

$$M_3 = \frac{r_3^M + \dfrac{\alpha^M}{\beta^L} - a_3^L}{a_3^L}$$

$$M_4 = \frac{p_1^M + q_1^M e^{M_1}}{e_1^L}$$

$$M_5 = \frac{p_2^M + q_2^M e^{M_2}}{e_2^L}$$

$$M_6 = \frac{p_3^M + q_3^M e^{M_3}}{e_3^L}$$

证明:令 $(x(t), y(t), z(t), u_1(t), u_2(t), u_3(t))^{\mathrm{T}}$ 是系统(7.1.2)的任一解,由系统(7.1.2)的第一个方程和不等式 $e^x > 1 + x, x \in \mathbf{R}$, 有

$$x^{\Delta}(t) \leqslant r_1(t) + \frac{f_1(t)}{k_1(t) + \exp\{x(t)\}} - a_1(t)\exp\{x(t)\}$$

$$\leqslant r_1(t) + \frac{f_1(t)}{k_1(t)} - a_1(t)[1 + x(t)]$$

$$\leqslant \left(r_1^M + \frac{f_1^M}{k_1^L} - a_1^L\right) - a_1^L x(t)$$

运用引理 2.16(i)到以上微分不等式,得

$$\limsup_{t \to \infty} x(t) \leqslant \frac{r_1^M + \dfrac{f^M}{k_1^L} - a_1^L}{a_1^L} := M_1 \tag{7.2.1}$$

那么,对任意小的正数 ε ,由式(7.2.1)知,存在 $T_1 \in \mathbb{T}$,使得对所有的 $t > T_1$ 都有 $x(t) < M_1 + \varepsilon$.

由系统(7.1.2)的第二个方程和第三个方程,有

$$y^\Delta(t) \leqslant r_2(t) + \frac{f_2(t)}{k_2(t) + \exp\{y(t)\}} - a_2(t)\exp\{y(t)\}$$

$$\leqslant \left(r_2^M + \frac{f_2^M}{k_2^L} - a_2^L \right) - a_2^L y(t)$$

和

$$z^\Delta(t) \leqslant r_3(t) + \frac{\alpha(t)\exp\{y(t)\}}{1 + \beta(t)\exp\{y(t)\}} - a_3(t)\exp\{z(t)\}$$

$$\leqslant \left(r_3^M + \frac{\alpha^M}{\beta^L} - a_3^L \right) - a_3^L z(t)$$

则有

$$\limsup_{t \to \infty} y(t) \leqslant \frac{r_2^M + \dfrac{f_2^M}{k_2^L} - a_2^L}{a_2^L} := M_2 \tag{7.2.2}$$

$$\limsup_{t \to \infty} z(t) \leqslant \frac{r_3^M + \dfrac{\alpha^N}{\beta^L} - a_3^L}{a_3^L} := M_3 \tag{7.2.3}$$

那么,对任意小的正数 ε ,由式(7.2.2)和式(7.2.3)知,存在 $T_2 \in \mathbb{T}$ 和 $T_3 \in \mathbb{T}$,使得

$$y(t) < M_2 + \varepsilon, t > T_2$$

$$z(t) < M_3 + \varepsilon, t > T_3$$

进一步,当 $t > T_1$ 时,由系统(7.1.2)的第四个方程,有

$$u_1^\Delta(t) \leqslant p_1^M + q_1^M e^{M_1 + \varepsilon} - e_1^L u_1(t)$$

利用引理 2.16,得

$$\limsup_{t \to \infty} u_1(t) \leqslant \frac{p_1^M + q_1^M e^{M_1 + \varepsilon}}{e_1^L} \tag{7.2.4}$$

式(7.2.4)中,令 $\varepsilon \to 0$,则

$$\limsup_{t \to \infty} u_1(t) \leqslant \frac{p_1^M + q_1^M e^{M_1}}{e_1^L} := M_4 \tag{7.2.5}$$

那么,存在 $T_4 \in \mathbb{T}$,使得对 $t > T_4$,有

$$u_1(t) < M_4 + \varepsilon$$

与式(7.2.5)类似的讨论,我们有

$$u_2^\Delta(t) \leqslant p_2^M + q_2^M e^{M_2 + \varepsilon} - e_2^L u_2(t), \; t > T_2$$

$$u_3^\Delta(t) \leqslant p_3^M + q_3^M e^{M_3 + \varepsilon} - e_3^L u_3(t), \; t > T_3$$

则

$$\limsup_{t \to \infty} u_2(t) \leqslant \frac{p_2^M + q_2^M e^{M_2}}{e_2^L} := M_5 \tag{7.2.6}$$

$$\limsup_{t \to \infty} u_3(t) \leqslant \frac{p_3^M + q_3^M e^{M_3}}{e_3^L} := M_6 \tag{7.2.7}$$

那么,对任意小的正数 ε,由式(7.2.6)和式(7.2.7)知,存在 $T_5 \in \mathbb{T}$ 和 $T_6 \in \mathbb{T}$,使得

$$u_2(t) < M_5 + \varepsilon, t > T_5$$

$$u_3(t) < M_6 + \varepsilon, t > T_6$$

设 $\bar{T} = \max_{1 \leqslant i \leqslant 6} \{T_i\}, t > \bar{T}$,则

$$\limsup_{t \to \infty} x(t) \leqslant M_1, \limsup_{t \to \infty} y(t) \leqslant M_2$$

$$\limsup_{t \to \infty} z(t) \leqslant M_3, \limsup_{t \to \infty} u_1(t) \leqslant M_4$$

$$\limsup_{t \to \infty} u_2(t) \leqslant M_5, \limsup_{t \to \infty} u_3(t) \leqslant M_6$$

显然,$M_k(k = 1, 2, \cdots, 6)$ 是常数且不依赖于系统(7.1.2)的任意解.

引理 7.2 假设 (H_1)—(H_3) 和

$$(H_4) \quad r_1^L + \frac{f_1^L}{k_1^M + e^{M_1}} - b_1^M(e^{M_2} - c_2)^2 - d_1^M M_4 > a_1^M$$

$$r_2^L + \frac{f_2^L}{k_2^M + e^{M_2}} - a_2^M M_3 - b_2^M(e^{M_1} - c_1)^2 - \alpha^M e^{M_3} - d_2^M M_5 > a_2^M$$

$$r_3^L + \frac{\alpha^L e^{m_2}}{1 + \beta^M e^{M_2}} - d_3^M M_6 > a_3^M$$

成立,则系统(7.1.2)的任一解 $(x(t), y(t), z(t), u_1(t), u_2(t), u_3(t))^T$ 满足

$$\liminf_{t \to \infty} x(t) \geq m_1$$

$$\liminf_{t \to \infty} y(t) \geq m_2$$

$$\liminf_{t \to \infty} z(t) \geq m_3$$

$$\liminf_{t \to \infty} u_1(t) \geq m_4$$

$$\liminf_{t \to \infty} u_2(t) \geq m_5$$

$$\liminf_{t \to \infty} u_3(t) \geq m_6$$

其中

$$m_1 = \ln\left(\frac{r_1^L + \dfrac{f_1^L}{k_1^M + e^{M_1}} - b_1^M(e^{M_2} - c_2)^2 - d_1^M M_4}{a_1^M}\right)$$

$$m_2 = \ln\left(\frac{r_2^L + \dfrac{f_2^L}{k_2^M + e^{M_2}} - a_2^M M_3 - b_2^M(e^{M_1} - c_1)^2 - \alpha^M e^{M_3} - d_2^M M_5}{a_2^M}\right)$$

$$m_3 = \ln\left(\frac{r_3^L + \dfrac{\alpha^L e^{m_2}}{1 + \beta^M e^{M_2}} - d_3^M M_6}{a_3^M}\right)$$

$$m_4 = \frac{p_1^L + q_1^L e^{m_1}}{e_1^M}, m_5 = \frac{p_2^L + q_2^L e^{m_2}}{e_2^M}, m_6 = \frac{p_3^L + q_3^L e^{m_3}}{e_3^M}$$

证明：令 $(x(t)，y(t)，z(t)，u_1(t)，u_2(t)，u_3(t))^T$ 是系统(7.1.2)的任一正解. 首先，证明 $\lim\limits_{t\to\infty}\inf x(t) \geqslant m_1$.

对任意小的正数 ε，存在 $t_0 \in \mathbb{T}$，且当 $t \geqslant t_0 > \max\{T_1,T_2,T_4\}$ 时，由系统(7.1.2)第一个方程，得

$$x^\Delta(t) \geqslant r_1^L + \frac{f_1^L}{k_1^M + e^{M_1+\varepsilon}} - a_1^M\exp\{x(t)\} - b_1^M(e^{M_2+\varepsilon} - c_2)^2 - d_1^M(M_4 + \varepsilon)$$

$$= \left[r_1^L + \frac{f_1^L}{k_1^M + e^{M_1+\varepsilon}} - b_1^M(e^{M_2+\varepsilon} - c_2)^2 - d_1^M(M_4 + \varepsilon)\right] -$$

$$a_1^M\exp\{x(t)\} \tag{7.2.8}$$

可断言

$$\left[r_1^L + \frac{f_1^L}{k_1^M + e^{M_1+\varepsilon}} - b_1^M(e^{M_2+\varepsilon} - c_2)^2 - d_1^M(M_4 + \varepsilon)\right] - a_1^M\exp\{x(t)\} \leqslant 0,$$

$$t \geqslant t_0, t \in \mathbb{T}$$

否则，存在 $t_1 > t_0$，使得

$$\left[r_1^L + \frac{f_1^L}{k_1^M + e^{M_1+\varepsilon}} - b_1^M(e^{M_2+\varepsilon} - c_2)^2 - d_1^M(M_4 + \varepsilon)\right] - a_1^M\exp\{x(t_1)\} > 0$$

且对 $t \in [t_0,t_1)_\mathbb{T}$，有

$$\left[r_1^L + \frac{f_1^L}{k_1^M + e^{M_1+\varepsilon}} - b_1^M(e^{M_2+\varepsilon} - c_2)^2 - d_1^M(M_4 + \varepsilon)\right] - a_1^M\exp\{x(t)\} \leqslant 0$$

那么，

$$x(t_1) < \ln\frac{r_1^L + \dfrac{f_1^L}{k_1^M + e^{M_1+\varepsilon}} - b_1^M(e^{M_2+\varepsilon} - c_2)^2 - d_1^M(M_4 + \varepsilon)}{a_1^M}$$

且对 $t \in [t_0,t_1)_\mathbb{T}$，有

$$x(t) \geqslant \ln\frac{r_1^L + \dfrac{f_1^L}{k_1^M + e^{M_1+\varepsilon}} - b_1^M(e^{M_2+\varepsilon} - c_2)^2 - d_1^M(M_4 + \varepsilon)}{a_1^M},$$

这意味着 $x^\Delta(t_1) \leq 0$. 另一方面,由式(7.2.8)得

$$x^\Delta(t_1) \geq \left[r_1^L + \frac{f_1^L}{k_1^M + e^{M_1+\varepsilon}} - b_1^M(e^{M_2+\varepsilon} - c_2)^2 - d_1^M(M_4 + \varepsilon) \right] -$$

$$a_1^M \exp\{x(t_1)\} > 0$$

矛盾. 因此,断言成立. 所以,

$$x(t) \geq \ln \frac{r_1^L + \frac{f_1^L}{k_1^M + e^{M_1+\varepsilon}} - b_1^M(e^{M_2+\varepsilon} - c_2)^2 - d_1^M(M_4 + \varepsilon)}{a_1^M} > 0$$

$t \geq t_0, t \in \mathbb{T}$. 由于 ε 的任意性,有

$$\liminf_{t\to\infty} x(t) \geq \ln \frac{r_1^L + \frac{f_1^L}{k_1^M + e^{M_1}} - b_1^M(e^{M_2} - c_2)^2 - d_1^M M_4}{a_1^M} := m_1$$

$$(7.2.9)$$

那么,对任意小的 $\varepsilon > 0$, 存在 $T_7 \in \mathbb{T}$, 使得当 $t > T_7$ 时,有

$$x(t) > m_1 - \varepsilon$$

同理,对 $\varepsilon > 0, t > \max\{T_1, T_2, T_4\}, t \in \mathbb{T}$, 我们有

$$y^\Delta(t) \geq \left[r_2^L + \frac{f_2^L}{k_2^M + e^{M_2+\varepsilon}} - a_2^M(M_3 + \varepsilon) - b_2^M(e^{M_1+\varepsilon} - c_1)^2 - \right.$$

$$\left. \alpha^M e^{M_3+\varepsilon} - d_2^M(M_5 + \varepsilon) \right] - a_2^M \exp\{y(t)\}$$

使用与式(7.2.9)的证明相同的方法,有

$$\liminf_{t\to\infty} y(t) \geq \ln \left(\frac{r_2^L + \frac{f_2^L}{k_2^M + e^{M_2}} - a_2^M M_3 - b_2^M(e^{M_1} - c_1)^2 - \alpha^M e^{M_3} - d_2^M M_5}{a_2^M} \right)$$

$$:= m_2 > 0$$

那么,对任意小的 $\varepsilon > 0$, 存在 $T_8 \in \mathbb{T}$, 使得当 $t > T_8$ 时,有 $y(t) > m_2 - \varepsilon$.

同上讨论,当 $t > \max\{T_2, T_6, T_8\}$ 时,有

$$\liminf_{t \to \infty} z(t) \geq \ln\left(\dfrac{r_3^L + \dfrac{\alpha^L e^{m_2}}{1 + \beta^M e^{M_2}} - d_3^M M_6}{a_3^M}\right) := m_3 > 0$$

则存在 $T_9 \in \mathbb{T}$,使得 $t > T_9$ 时,有 $z(t) > m_3 - \varepsilon$.

接下来,证明

$$\liminf_{t \to \infty} u_1(t) \geq m_4, \liminf_{t \to \infty} u_2(t) \geq m_5, \liminf_{t \to \infty} u_3(t) \geq m_6$$

对任给的 $\varepsilon > 0$ 和 $t > T_7$,由系统(7.1.2)的第四个方程,有

$$u_1^\Delta(t) \geq p_1^L + q_1^L e^{m_1 - \varepsilon} - e_1^M u_1(t)$$

让 $\varepsilon \to 0$,再利用引理 2.16(ⅱ),则存在 $T_{10} \in \mathbb{T}$,使得当 $t > T_{10}$ 时,有

$$\liminf_{t \to \infty} u_1(t) \geq \dfrac{p_1^L + q_1^L e^{m_1}}{e_1^M} := m_4 > 0$$

类似于上式的证明,容易得出:存在 $T_{11} \in \mathbb{T}$ 和 $T_{12} \in \mathbb{T}$,使得当 $t > T_{11}$ 时,有

$$\liminf_{t \to \infty} u_2(t) \geq \dfrac{p_2^L + q_2^L e^{m_2}}{e_2^M} := m_5 > 0$$

且当 $t > T_{12}$ 时,有

$$\liminf_{t \to \infty} u_3(t) \geq \dfrac{p_3^L + q_3^L e^{m_3}}{e_3^M} := m_6 > 0$$

显然,常数 $m_k(k = 1, 2\cdots, 6)$ 是与系统(7.1.2)的解无关的正常数.

定理 7.1 假设 (H_1)—(H_4) 成立,则系统(7.1.2)是持久的.

对系统(7.1.2)的任意解 $(x(t), y(t), z(t), u_1(t), u_2(t), u_3(t))^{\mathrm{T}}$,设 $\widetilde{T} = \max\limits_{1 \leq l \leq 12}\{T_l\}$,则当 $t > \widetilde{T}, t \in \mathbb{T}$ 时,有

$$m_1 \leq x(t) \leq M_1, m_2 \leq y(t) \leq M_2, m_3 \leq z(t) \leq M_3,$$

$$m_4 \leq u_1(t) \leq M_4, m_5 \leq u_2(t) \leq M_5, m_6 \leq u_3(t) \leq M_6.$$

记 Ω 是系统(7.1.2)满足如上不等式的所有正解 $(x(t), y(t), z(t), u_1(t), u_2(t), u_3(t))^{\mathrm{T}}$ 的集合.

由引理 7.1 和引理 7.2 的证明知, Ω 是系统(7.1.2)的一个正不变集.

基于持久性结果, 接下来我们将建立系统(7.1.2)概周期解的存在性和一致渐近稳定性的充分条件.

引理 7.3 假设 (H_1)—(H_4) 成立, 则 $\Omega \neq \varnothing$.

结合引理 2.16, 类似于引理 $4.2^{[96]}$ 的证明过程, 此处省略引理 7.3 的证明.

定理 7.2 假设 (H_1)—(H_4) 成立. 进一步假设

$$(H_5) \quad c > 0, \ -c \in \mathcal{R}^+$$

其中 $c = \min\{-(\eta_{11} + \eta_{21} + \eta_{41}), -(\eta_{12} + \eta_{22} + \eta_{32} + \eta_{52}), -(\eta_{23} + \eta_{33} + \eta_{63}), -(\eta_{14} + \eta_{44}), -(\eta_{25} + \eta_{55}), -(\eta_{36} + \eta_{66})\}$

$$\eta_{11} = -2a_1^L e^{m_1} - 2f_1^L \frac{e^{m_1}}{(k_1^M + e^{M_1})^2} + \mu^M e^{2M_1} \left[(a_1^M)^2 + \frac{2a_1^M f_1^M}{(k_1^L + e^{m_1})^2} + \frac{(f_1^M)^2}{(k_1^L + e^{m_1})^4} \right] +$$

$$\left[d_1^M + 2b_1^M e^{M_2}(e^{M_2} - c_2) \right] \left[-1 + \mu^M a_1^M e^{M_1} + \frac{\mu^M f_1^M e^{M_1}}{(k_1^L + e^{m_1})^2} \right]$$

$$\eta_{21} = (e^{M_1} - c_1)\mu^M \left[e^{M_1 + M_2} \left(2a_2^M b_2^M + \frac{2f_2^M b_2^M}{(k_2^M + e^{m_2})^2} \right) + 4(b_2^M)^2 e^{2M_1}(e^{M_1} - c_1) + \right.$$

$$\left. 2a_2^M b_2^M e^{M_1 + M_3} + 2b_2^M d_2^M e^{M_3} + \frac{2\alpha^M b_2^M (e^{M_1 + M_3} + \beta^M e^{M_1 + M_2 + M_3})}{(1 + \beta^L e^{m_2})^2} \right] -$$

$$2b_2^L(e^{m_1} - c_1)e^{m_1} - \frac{2b_2^L \mu^L \alpha^L \beta^L (e^{m_1} - c_1)e^{m_1 + m_2 + m_3}}{(1 + \beta^M e^{M_2})^2}$$

$$\eta_{41} = (q_1^M)^2 \mu^M e^{2M_1} + q_1^M e^{M_1}(-1 + \mu^M e_1^M)$$

$$\eta_{12} = 2b_1^M e^{M_2}(e^{M_2} - c_2) \left[-1 + \mu^M a_1^M e^{M_1} + \frac{\mu^M f_1^M e^{M_1}}{(k_1^L + e^{m_1})^2} \right] +$$

$$2\mu^M e^{M_2} b_1^M d_1^M (e^{M_2} - c_2) + 4\mu^M e^{2M_2}(b_1^M)^2(e^{M_2} - c_2)^2$$

$$\eta_{22} = -2a_2^L e^{m_2} - \frac{2f_2^L e^{m_2}}{(k_2^M + e^{M_2})^2} + (a_2^M)^2 \mu^M e^{2M_2} + 2\frac{a_2^M \mu^M f_2^M e^{2M_2}}{(k_2^L + e^{m_2})^2} - a_2^L e^{m_3} +$$

$$2\alpha^M\beta^M\frac{e^{M_2+M_3}}{(1+\beta^Le^{m_2})^2}-2a_2^L\mu^L\alpha^L\beta^L\frac{e^{2m_2+m_3}}{(1+\beta^Me^{m_2})^2}+\frac{\mu^M(f_2^M)^2e^{2M_2}}{(k_2^L+e^{m_2})^2}-$$

$$2\mu^L\alpha^L\beta^Lf_2^L\frac{e^{2m_2+m_3}}{(k_2^L+e^{m_2})^2(1+\beta^Me^{M_2})^2}-\frac{\alpha^L(e^{m_3}+\beta^Le^{m_2+m_3})}{(1+\beta^Me^{M_2})^2}+$$

$$(e^{M_1}-c_1)\mu^Me^{M_1+M_2}\left(2a_2^Mb_2^M+\frac{2f_2^Mb_2^M}{(k_2^L+e^{m_2})^2}\right)-2b_2^L(e^{m_1}-c_1)e^{m_1}-$$

$$\frac{2b_2^L\mu^L\alpha^L\beta^L(e^{m_1}-c_1)e^{m_1+m_2+m_3}}{(1+\beta^Me^{M_2})^2}+\frac{\alpha^M\mu^Mf_2^Me^{M_2}(e^{M_3}+\beta^Me^{M_2+M_3})}{(1+\beta^Le^{m_2})^2(k_2^L+e^{m_2})^2}+$$

$$d_2^M\left[-1+a_2^M\mu^Me^{M_2}+\frac{\mu^Mf_2^Me^{M_2}}{(k_2^L+e^{m_2})^2}-\frac{\alpha^L\beta^L\mu^Le^{m_2+m_3}}{(1+\beta^Me^{M_2})^2}\right]+(a_2^M)^2\mu^Me^{M_2+M_3}+$$

$$a_2^M\mu^M\alpha^M\frac{e^{M_2}(e^{M_3}+\beta^Me^{M_2+M_3})}{(1+\beta^Le^{m_2})^2}-\frac{\alpha^L\mu^La_2^Le^{m_3}\beta^Le^{m_2+m_3}}{(1+\beta^Me^{M_2})^2}+$$

$$\frac{\mu^Mf_2^Ma_2^Me^{M_2+M_3}}{(k_2^L+e^{m_2})^2}-\frac{(\alpha^L)^2\mu^L\beta^Le^{m_2+m_3}(e^{m_3}+\beta^Le^{m_2+m_3})}{(1+\beta^Me^{m_2})^4}$$

$$\eta_{32}=\frac{\alpha^Me^{M_2}(a_3^M\mu^Me^{M_3}-1)}{(1+\beta^Le^{m_2})^2}+\frac{(\alpha^M)^2\mu^Me^{2M_2}}{(1+\beta^Le^{m_2})^4}$$

$$\eta_{52}=(q_2^M)^2\mu^Me^{2M_2}+q_2^Me^{M_2}(-1+\mu^Me_2^M)$$

$$\eta_{23}=(a_2^M)^2\mu^Me^{2M_3}+2\frac{\alpha^M\mu^Ma_2^M[e^{2M_3}+\beta^Me^{M_2+2M_3}]}{(1+\beta^Le^{m_2})^2}+(a_2^M)^2\mu^Me^{M_2+M_3}+$$

$$2\mu^Mb_2^M(e^{M_1}-c_1)\left[a_2^Me^{M_1+M_3}+\frac{\alpha^M(e^{M_1+M_3}+\beta^Me^{M_1+M_2+M_3})}{(1+\beta^Le^{m_2})^2}\right]+$$

$$a_2^Md_2^M\mu^Me^{M_3}+\frac{\alpha^Md_2^M\mu^M(e^{M_3}+\beta^Me^{M_2+M_3})}{(1+\beta^Le^{m_2})^2}+\frac{\mu^Mf_2^Ma_2^Me^{M_2+M_3}}{(k_2^L+e^{m_2})^2}-$$

$$a_2^Le^{m_3}-\frac{\alpha^L(e^{m_3}+\beta^Le^{m_2+m_3})}{(1+\beta^Me^{M_2})^2}+\frac{(\alpha^M)^2\mu^M(e^{M_3}+\beta^Me^{M_2+M_3})^2}{(1+\beta^Le^{m_2})^4}+$$

$$a_2^M\mu^M\alpha^M\frac{e^{M_2}(e^{M_3}+\beta^Me^{M_2+M_3})}{(1+\beta^Le^{m_2})^2}-\frac{\alpha^L\mu^La_2^Le^{m_3}\beta^Le^{m_2+m_3}}{(1+\beta^Me^{M_2})^2}+$$

$$\frac{\alpha^M \mu^M f_2^M e^{M_2}(e^{M_3} + \beta^M e^{M_2+M_3})}{(1 + \beta^L e^{m_2})^2 (k_2^L + e^{m_2})^2} - \frac{(\alpha^L)^2 \mu^L \beta^L e^{m_2+m_3}(e^{m_3} + \beta^L e^{m_2+m_3})}{(1 + \beta^M e^{M_2})^4}$$

$$\eta_{33} = -2a_3^L e^{m_3} + (a_3^M)^2 \mu^M e^{2M_3} + d_3^M(a_3^M \mu^M e^{M_3} - 1) + \frac{\alpha^M e^{M_2}(a_3^M \mu^M e^{M_3} - 1)}{(1 + \beta^L e^{m_2})^2}$$

$$\eta_{63} = (q_3^M)^2 \mu^M e^{2M_3} + q_3^M e^{M_3}(-1 + \mu^M e_3^M)$$

$$\eta_{14} = d_1^M \left[-1 + \mu^M a_1^M e^{M_1} + \frac{\mu^M f_1^M e^{M_1}}{(k_1^L + e^{m_1})^2} \right] + 2\mu^M e^{M_2} b_1^M d_1^M(e^{M_2} - c_2) + \mu^M(d_1^M)^2$$

$$\eta_{44} = -2e_1^L + (e_1^M)^2 \mu^M + q_1^M e^{M_1}(-1 + \mu^M e_1^M)$$

$$\eta_{25} = d_2^M \left[-1 + a_2^M \mu^M e^{M_2} + \frac{\mu^M f_2^M e^{M_2}}{(k_2^L + e^{m_2})^2} - \frac{\alpha^L \beta^L \mu^L e^{m_2+m_3}}{(1 + \beta^M e^{M_2})^2} \right] + (d_2^M)^2 \mu^M +$$

$$2\mu^M d_2^M b_2^M(e^{M_1} - c_1)e^{M_1} + a_2^M d_2^M \mu^M e^{M_3} + \frac{\alpha^M d_2^M \mu^M(e^{M_3} + \beta^M e^{M_2+M_3})}{(1 + \beta^L e^{m_2})^2}$$

$$\eta_{55} = -2e_2^L + (e_2^M)^2 \mu^M + q_2^M e^{M_2}(-1 + \mu^M e_2^M)$$

$$\eta_{36} = \mu^M(d_3^M)^2 + d_3^M(a_3^M \mu^M e^{M_3} - 1)$$

$$\eta_{66} = -2e_3^L + (e_3^M)^2 \mu^M + q_3^M e^{M_3}(-1 + \mu^M e_3^M)$$

那么,系统 (7.1.2) 存在唯一的、一致渐近稳定的概周期解 $X(t) = (x(t), y(t), z(t), u_1(t), u_2(t), u_3(t))^T$, 且 $X(t) \in \Omega, t \in \mathbb{T}$.

证明: 由引理 7.3,系统 (7.1.2) 有有界解 $(x(t), y(t), z(t), u_1(t), u_2(t), u_3(t))^T$ 且满足

$$m_1 \leq x(t) \leq M_1, m_1 \leq y(t) \leq M_2, m_3 \leq z(t) \leq M_3$$

$$m_4 \leq u_1(t) \leq M_4, m_5 \leq u_2(t) \leq M_5, m_6 \leq u_3(t) \leq M_6$$

对所有的 $t \in \mathbb{T}$. 所以, $|x(t)| \leq M_1, |y(t)| \leq M_2, |z(t)| \leq M_3, |u_1(t)| \leq M_4, |u_2(t)| \leq M_5, |u_3(t)| \leq M_6$. 对 $(x(t), y(t), z(t), u_1(t), u_2(t), u_3(t)) \in R^6$, 定义范数 $\|(x, y, z, u_1, u_2, u_3)\| = \sup\limits_{t \in \mathbb{T}} |x(t)| + \sup\limits_{t \in \mathbb{T}} |y(t)| + \sup\limits_{t \in \mathbb{T}} |z(t)| + \sup\limits_{t \in \mathbb{T}} |u_1(t)| + \sup\limits_{t \in \mathbb{T}} |u_2(t)| + \sup\limits_{t \in \mathbb{T}} |u_3(t)|$. 考虑系统

(7.1.2)的积系统

$$
\begin{cases}
x^{\Delta}(t) = r_1(t) + \dfrac{f_1(t)}{k_1(t) + \exp\{x(t)\}} - a_1(t)\exp\{x(t)\} - \\
\qquad b_1(t)\left[\exp\{y(t)\} - c_2\right]^2 - d_1(t)u_1(t) \\[2mm]
y^{\Delta}(t) = r_2(t) + \dfrac{f_2(t)}{k_2(t) + \exp\{y(t)\}} - a_2(t)\left[\exp\{y(t)\} + \exp\{z(t)\}\right] - \\
\qquad b_2(t)\left[\exp\{x(t)\} - c_1\right]^2 - \dfrac{\alpha(t)\exp\{z(t)\}}{1 + \beta(t)\exp\{y(t)\}} - d_2(t)u_2(t) \\[2mm]
z^{\Delta}(t) = r_3(t) + \dfrac{\alpha(t)\exp\{y(t)\}}{1 + \beta(t)\exp\{y(t)\}} - a_3(t)\exp\{z(t)\} - d_3(t)u_3(t) \\[2mm]
u_1^{\Delta}(t) = p_1(t) - e_1(t)u_1(t) + q_1(t)\exp\{x(t)\} \\[2mm]
u_2^{\Delta}(t) = p_2(t) - e_2(t)u_2(t) + q_1(t)\exp\{y(t)\} \\[2mm]
u_3^{\Delta}(t) = p_3(t) - e_3(t)u_3(t) + q_1(t)\exp\{z(t)\} \\[2mm]
p^{\Delta}(t) = r_1(t) + \dfrac{f_1(t)}{k_1(t) + \exp\{p(t)\}} - a_1(t)\exp\{p(t)\} - \\
\qquad b_1(t)\left[\exp\{q(t)\} - c_2\right]^2 - d_1(t)v_1(t) \\[2mm]
q^{\Delta}(t) = r_2(t) + \dfrac{f_2(t)}{k_2(t) + \exp\{q(t)\}} - a_2(t)\left[\exp\{q(t)\} + \exp\{r(t)\}\right] - \\
\qquad b_2(t)\left[\exp\{p(t)\} - c_1\right]^2 - \dfrac{\alpha(t)\exp\{r(t)\}}{1 + \beta(t)\exp\{q(t)\}} - d_2(t)v_2(t) \\[2mm]
r^{\Delta}(t) = r_3(t) + \dfrac{\alpha(t)\exp\{q(t)\}}{1 + \beta(t)\exp\{q(t)\}} - a_3(t)\exp\{r(t)\} - d_3(t)v_3(t) \\[2mm]
v_1^{\Delta}(t) = p_1(t) - e_1(t)v_1(t) + q_1(t)\exp\{p(t)\} \\[2mm]
v_2^{\Delta}(t) = p_2(t) - e_2(t)v_2(t) + q_1(t)\exp\{q(t)\} \\[2mm]
v_3^{\Delta}(t) = p_3(t) - e_3(t)v_3(t) + q_1(t)\exp\{r(t)\}
\end{cases}
\tag{7.2.10}
$$

它等价于下面的系统：

$$\begin{cases}
(x-p)^{\Delta}(t) = -a_1(t)\left[\exp\{x(t)\} - \exp\{p(t)\}\right] + \\
\qquad f_1(t)\left[\dfrac{1}{k_1(t)+\exp\{x(t)\}} - \dfrac{1}{k_1(t)+\exp\{p(t)\}}\right] - \\
\qquad b_1(t)\left[(\exp\{y(t)\}-c_2)^2 - (\exp\{q(t)\}-c_2)^2\right] - \\
\qquad d_1(t)\left[u_1(t)-v_1(t)\right] \\[2mm]
(y-q)^{\Delta}(t) = -a_2(t)\left[\exp\{y(t)\} - \exp\{q(t)\}\right] + \\
\qquad f_2(t)\left[\dfrac{1}{k_2(t)+\exp\{y(t)\}} - \dfrac{1}{k_2(t)+\exp\{q(t)\}}\right] - \\
\qquad a_2(t)\left[\exp\{z(t)\} - \exp\{r(t)\}\right] - \\
\qquad b_2(t)\Big[(\exp\{x(t)\}-c_1)^2 - \\
\qquad (\exp\{p(t)\}-c_1)^2\Big] - \left[\dfrac{\alpha(t)\exp\{z(t)\}}{1+\beta(t)\exp\{y(t)\}} - \right. \\
\qquad \left. \dfrac{\alpha(t)\exp\{r(t)\}}{1+\beta(t)\exp\{q(t)\}}\right] - d_2(t)\left[u_2(t)-v_2(t)\right] \\[2mm]
(z-r)^{\Delta}(t) = -a_3(t)\left[\exp\{z(t)\} - \exp\{r(t)\}\right] + \\
\qquad \alpha(t)\left[\dfrac{\exp\{y(t)\}}{1+\beta(t)\exp\{y(t)\}} - \dfrac{\exp\{q(t)\}}{1+\beta(t)\exp\{q(t)\}}\right] \\
\qquad - d_3(t)\left[u_3(t)-v_3(t)\right] \\[2mm]
(u_1-v_1)^{\Delta}(t) = -e_1(t)\left[u_1(t)-v_1(t)\right] + q_1(t)\left[\exp\{x(t)\} - \right. \\
\qquad \left. \exp\{p(t)\}\right] \\[2mm]
(u_2-v_2)^{\Delta}(t) = -e_2(t)\left[u_2(t)-v_2(t)\right] + q_2(t)\left[\exp\{y(t)\} - \right. \\
\qquad \left. \exp\{q(t)\}\right] \\[2mm]
(u_3-v_3)^{\Delta}(t) = -e_3(t)\left[u_3(t)-v_3(t)\right] + q_3(t)\left[\exp\{z(t)\} - \right. \\
\qquad \left. \exp\{r(t)\}\right]
\end{cases}$$

其中 $X = (x(t)，y(t)，z(t)，u_1(t)，u_2(t)，u_3(t))$ 和 $Y = (p(t)，q(t)，r(t)，v_1(t)，v_2(t)，v_3(t))$ 是系统(7.1.2)的任意两个解，且 $\|X\| \leqslant M，\|Y\| \leqslant M$，$M = M_1 + M_2 + M_3 + M_4 + M_5 + M_6.$

在 $\mathbb{T}^+ \times \Omega \times \Omega$ 上构造李雅普诺夫函数：

$$V(t,X,Y) = [x(t) - p(t)]^2 + [y(t) - q(t)]^2 + [z(t) - r(t)]^2 +$$
$$[u_1(t) - v_1(t)]^2 + [u_2(t) - v_2(t)]^2 + [u_3(t) - v_3(t)]^2$$

容易看出，范数 $\|X - Y\| = \sup\limits_{t \in \mathbb{T}} |x(t) - p(t)| + \sup\limits_{t \in \mathbb{T}} |y(t) - q(t)| + \sup\limits_{t \in \mathbb{T}} |z(t) - r(t)| + \sup\limits_{t \in \mathbb{T}} |u_1(t) - v_1(t)| + \sup\limits_{t \in \mathbb{T}} |u_2(t) - v_2(t)| + \sup\limits_{t \in \mathbb{T}} |u_3(t) - v_3(t)|$ 和范数 $\|X - Y\|_1 = \Big[\sup\limits_{t \in \mathbb{T}} (x(t) - p(t))^2 + \sup\limits_{t \in \mathbb{T}} (y(t) - q(t))^2 + \sup\limits_{t \in \mathbb{T}} (z(t) - r(t))^2 + \sup\limits_{t \in \mathbb{T}} (u_1(t) - v_1(t))^2 + \sup\limits_{t \in \mathbb{T}} (u_2(t) - v_2(t))^2 +$

$\sup\limits_{t \in \mathbb{T}} (u_3(t) - v_3(t))^2 \Big]^{\frac{1}{2}}$ 是等价的. 也就是说，存在两个常数 $C_1 > 0，C_2 > 0$，使得

$$C_1 \|X - Y\| \leqslant \|X - Y\|_1 \leqslant C_2 \|X - Y\|$$

则

$$(C_1 \|X - Y\|)^2 \leqslant V(t,X,Y) \leqslant (C_2 \|X - Y\|)^2$$

取 $a,b \in C(\mathbf{R}^+, \mathbf{R}^+)$，$a(x) = (C_1 x)^2，b(x) = (C_2 x)^2$，那么引理 2.17 的条件（i）就满足了.

进一步，对

$$X_1 = (x_1(t), y_1(t), z_1(t), u_1^1(t), u_2^1(t), u_3^1(t))$$
$$Y_1 = (p_1(t), q_1(t), r_1(t), v_1^1(t), v_2^1(t), v_3^1(t))$$

有 $|V(t,X,Y) - V(t, X_1, Y_1)| = |[x(t) - p(t)]^2 + [y(t) - q(t)]^2 +$
$$[z(t) - r(t)]^2 + [u_1(t) - v_1(t)]^2 +$$
$$[u_2(t) - v_2(t)]^2 + [u_3(t) - v_3(t)]^2 -$$

$$[x_1(t) - p_1(t)]^2 - [y_1(t) - q_1(t)]^2 -$$

$$[z_1(t) - r_1(t)]^2 - [u_1^1(t) - v_1^1(t)]^2 - [u_2^1(t) - v_2^1(t)]^2 - [u_3^1(t) - v_3^1(t)]^2|$$

$$\leqslant |[x(t) - p(t)]^2 - [x_1(t) - p_1(t)]^2| + |[y(t) - q(t)]^2 -$$

$$[y_1(t) - q_1(t)]^2| + |[z(t) - r(t)]^2 - [z_1(t) - r_1(t)]^2| +$$

$$|[u_1(t) - v_1(t)]^2 - [u_1^1(t) - v_1^1(t)]^2| + |[u_2(t) - v_2(t)]^2 -$$

$$[u_2^1(t) - v_2^1(t)]^2| + |[u_3(t) - v_3(t)]^2 - [u_3^1(t) - v_3^1(t)]^2|$$

$$\leqslant 4M_1 |[x(t) - p(t)] + [x_1(t) - p_1(t)]| + 4M_2 |[y(t) - q(t)] +$$

$$[y_1(t) - q_1(t)]| + 4M_3 |[z(t) - r(t)] + [z_1(t) - r_1(t)]| +$$

$$4M_4 |[u_1(t) - v_1(t)] + [u_1^1(t) - v_1^1(t)]| + 4M_5 |[u_2(t) - v_2(t)] +$$

$$[u_2^1(t) - v_2^1(t)]| + 4M_6 |[u_3(t) - v_3(t)] + [u_3^1(t) - v_3^1(t)]|$$

$$\leqslant L\{ |[x(t) - p(t)] + [x_1(t) - p_1(t)]| + |[y(t) - q(t)] +$$

$$[y_1(t) - q_1(t)]| + |[z(t) - r(t)] + [z_1(t) - r_1(t)]| +$$

$$|[u_1(t) - v_1(t)] + [u_1^1(t) - v_1^1(t)]| + |[u_2(t) - v_2(t)] +$$

$$[u_2^1(t) - v_2^1(t)]| + |[u_3(t) - v_3(t)] + [u_3^1(t) - v_3^1(t)]|\}$$

$$\leqslant L\{ \|X - X_1\| + \|Y - Y_1\| \}$$

其中 $L = \max\{4M_1, 4M_2, 4M_3, 4M_4, 4M_5, 4M_6\}$，那么引理 2.17 的条件（ ii ）就满足了.

最后，沿着系统(7.2.10)计算 $D^+ V^\Delta(t, X, Y)$，得

$$D^+ V^\Delta(t, X, Y) = [2(x(t) - p(t)) + \mu(t)(x(t) - p(t))^\Delta](x(t) - p(t))^\Delta +$$

$$[2(y(t) - q(t)) + \mu(t)(y(t) - q(t))^\Delta](y(t) - q(t))^\Delta +$$

$$[2(z(t) - r(t)) + \mu(t)(z(t) - r(t))^\Delta](z(t) - r(t))^\Delta +$$

$$[2(u_1(t) - v_1(t)) + \mu(t)(u_1(t) - v_1(t))^\Delta](u_1(t) - v_1(t))^\Delta +$$

$$[2(u_2(t) - v_2(t)) + \mu(t)(u_2(t) - v_2(t))^\Delta](u_2(t) - v_2(t))^\Delta +$$

$$[2(u_3(t) - v_3(t)) + \mu(t)(u_3(t) - v_3(t))^\Delta](u_3(t) - v_3(t))^\Delta$$

$$= V_1 + V_2 + V_3 + V_4 + V_5 + V_6$$

记

$$\theta_1(t) = x(t) - p(t)$$

$$\theta_2(t) = y(t) - q(t)$$

$$\theta_3(t) = z(t) - r(t)$$

$$\theta_4(t) = u_1(t) - v_1(t)$$

$$\theta_5(t) = u_2(t) - v_2(t)$$

$$\theta_6(t) = u_3(t) - v_3(t)$$

则

$$V_1 = \left[2\theta_1(t) + \mu(t)\theta_1^\Delta(t) \right] \theta_1^\Delta(t)$$

$$V_2 = \left[2\theta_2(t) + \mu(t)\theta_2^\Delta(t) \right] \theta_2^\Delta(t)$$

$$V_3 = \left[2\theta_3(t) + \mu(t)\theta_3^\Delta(t) \right] \theta_3^\Delta(t)$$

$$V_4 = \left[2\theta_4(t) + \mu(t)\theta_4^\Delta(t) \right] \theta_4^\Delta(t)$$

$$V_5 = \left[2\theta_5(t) + \mu(t)\theta_5^\Delta(t) \right] \theta_5^\Delta(t)$$

$$V_6 = \left[2\theta_6(t) + \mu(t)\theta_6^\Delta(t) \right] \theta_6^\Delta(t)$$

使用中值定理,有

$$\exp\{x(t)\} - \exp\{p(t)\} = \xi_1(t)\theta_1(t)$$

$$\exp\{y(t)\} - \exp\{q(t)\} = \xi_2(t)\theta_2(t)$$

$$\exp\{z(t)\} - \exp\{r(t)\} = \xi_3(t)\theta_3(t)$$

$$\exp\{u_1(t)\} - \exp\{v_1(t)\} = \xi_4(t)\theta_4(t)$$

$$\exp\{u_2(t)\} - \exp\{v_2(t)\} = \xi_5(t)\theta_5(t)$$

$$\exp\{u_3(t)\} - \exp\{v_3(t)\} = \xi_6(t)\theta_6(t)$$

其中 $\xi_1(t)$ 位于 $\exp\{x(t)\}$ 与 $\exp\{p(t)\}$ 之间, $\xi_2(t)$ 位于 $\exp\{y(t)\}$ 和 $\exp\{q(t)\}$ 之间, $\xi_3(t)$ 位于 $\exp\{z(t)\}$ 和 $\exp\{r(t)\}$ 之间, $\xi_4(t)$ 位于

$\exp\{u_1(t)\}$ 和 $\exp\{v_1(t)\}$ 之间, $\xi_5(t)$ 位于 $\exp\{u_2(t)\}$ 和 $\exp\{v_2(t)\}$ 之间, $\xi_6(t)$ 位于 $\exp\{u_3(t)\}$ 和 $\exp\{v_3(t)\}$ 之间. 那么, 系统(7.2.11)变成

$$
\begin{cases}
\theta_1^\Delta(t) = -a_1(t)\xi_1(t)\theta_1(t) - f_1(t)\dfrac{\xi_1(t)\theta_1(t)}{(k_1(t)+\exp\{x(t)\})(k_1(t)+\exp\{p(t)\})} - \\
\qquad b_1(t)(\exp\{y(t)\}+\exp\{q(t)\}-2c_2)\xi_2(t)\theta_2(t) - d_1(t)\theta_4(t) \\[2mm]
\theta_2^\Delta(t) = -a_2(t)\xi_2(t)\theta_2(t) - f_2(t)\dfrac{\xi_2(t)\theta_2(t)}{(k_2(t)+\exp\{y(t)\})(k_2(t)+\exp\{q(t)\})} - \\
\qquad b_2(t)(\exp\{x(t)\}+\exp\{p(t)\}-2c_1)\xi_1(t)\theta_1(t) - a_2(t)\xi_3(t)\theta_3(t) - \\
\qquad \alpha(t)\dfrac{\xi_3(t)\theta_3(t)+\beta(t)(e^{z(t)+q(t)}-e^{r(t)+y(t)})}{(1+\beta(t)\exp\{y(t)\})(1+\beta(t)\exp\{q(t)\})} - d_2(t)\theta_5(t) \\[2mm]
\theta_3^\Delta(t) = -a_3(t)\xi_3(t)\theta_3(t) + \alpha(t)\dfrac{\xi_2(t)\theta_2(t)}{(1+\beta(t)\exp\{y(t)\})(1+\beta(t)\exp\{q(t)\})} - \\
\qquad d_3(t)\theta_6(t) \\[2mm]
\theta_4^\Delta(t) = -e_1(t)\theta_4(t) + q_1(t)\xi_1(t)\theta_1(t) \\[2mm]
\theta_5^\Delta(t) = -e_2(t)\theta_5(t) + q_2(t)\xi_2(t)\theta_2(t) \\[2mm]
\theta_6^\Delta(t) = -e_3(t)\theta_6(t) + q_3(t)\xi_3(t)\theta_3(t)
\end{cases}
$$

分别计算 $V_1, V_2, V_3, V_4, V_5, V_6$, 得

$$V_1 = [2\theta_1(t)+\mu(t)\theta_1^\Delta(t)]\theta_1^\Delta(t)$$

$$= \left\{2\theta_1(t)+\mu(t)\left[-a_1(t)\xi_1(t)\theta_1(t) - \right.\right.$$

$$f_1(t)\frac{\xi_1(t)\theta_1(t)}{(k_1(t)+\exp\{x(t)\})(k_1(t)+\exp\{p(t)\})} - $$

$$\left.\left. b_1(t)(\exp\{y(t)\}+\exp\{q(t)\}-2c_2)\xi_2(t)\theta_2(t) - d_1(t)\theta_4(t)\right]\right\} \times$$

$$\left[-a_1(t)\xi_1(t)\theta_1(t) - f_1(t)\frac{\xi_1(t)\theta_1(t)}{(k_1(t)+\exp\{x(t)\})(k_1(t)+\exp\{p(t)\})} - \right.$$

$$b_1(t)(\exp\{y(t)\} + \exp\{q(t)\} - 2c_2)\xi_2(t)\theta_2(t) - d_1(t)\theta_4(t)\Big]$$

$$\leqslant \eta_{11}\theta_1^2(t) + \eta_{12}\theta_2^2(t) + \eta_{14}\theta_4^2(t)$$

其中

$$\eta_{11} = -2a_1^L e^{m_1} - 2f_1^L \frac{e^{m_1}}{(k_1^M + e^{M_1})^2} + \mu^M e^{2M_1}\Big[(a_1^M)^2 + \frac{2a_1^M f_1^M}{(k_1^L + e^{m_1})^2} +$$

$$\frac{(f_1^M)^2}{(k_1^L + e^{m_1})^4}\Big] + [d_1^M + 2b_1^M e^{M_2}(e^{M_2} - c_2)]\Big[-1 + \mu^M a_1^M e^{M_1} +$$

$$\frac{\mu^M f_1^M e^{M_1}}{(k_1^L + e^{m_1})^2}\Big]$$

$$\eta_{12} = 2b_1^M e^{M_2}(e^{M_2} - c_2)\Big[-1 + \mu^M a_1^M e^{M_1} + \frac{\mu^M f_1^M e^{M_1}}{(k_1^L + e^{m_1})^2}\Big] +$$

$$2\mu^M e^{M_2} b_1^M d_1^M(e^{M_2} - c_2) + 4\mu^M e^{2M_2}(b_1^M)^2(e^{M_2} - c_2)^2$$

$$\eta_{14} = d_1^M\Big[-1 + \mu^M a_1^M e^{M_1} + \frac{\mu^M f_1^M e^{M_1}}{(k_1^L + e^{m_1})^2}\Big] +$$

$$2\mu^M e^{M_2} b_1^M d_1^M(e^{M_2} - c_2) + \mu^M(d_1^M)^2$$

同样地,

$$V_2 = [2\theta_2(t) + \mu(t)\theta_2^\Delta(t)]\theta_2^\Delta(t)$$

$$= \Big\{2\theta_2(t) + \mu(t)\Big[-a_2(t)\xi_2(t)\theta_2(t) - f_2(t) \times$$

$$\frac{\xi_2(t)\theta_2(t)}{(k_2(t) + \exp\{y(t)\})(k_2(t) + \exp\{q(t)\})} -$$

$$b_2(t)(\exp\{x(t)\} + \exp\{p(t)\} - 2c_1)\xi_1(t)\theta_1(t) - a_2(t)\xi_3(t)\theta_3(t) -$$

$$\alpha(t)\frac{\xi_3(t)\theta_3(t) + \beta(t)\xi_7(t)(\theta_3(t) - \theta_2(t))}{(1 + \beta(t)\exp\{y(t)\})(1 + \beta(t)\exp\{q(t)\})} - d_2(t)\theta_5(t)\Big]\Big\} \times$$

$$\Big[-a_2(t)\xi_2(t)\theta_2(t) - f_2(t)\frac{\xi_2(t)\theta_2(t)}{(k_2(t) + \exp\{y(t)\})(k_2(t) + \exp\{q(t)\})} -$$

$$b_2(t)(\exp\{x(t)\} + \exp\{p(t)\} - 2c_1)\xi_1(t)\theta_1(t) - a_2(t)\xi_3(t)\theta_3(t) -$$

$$\alpha(t)\frac{\xi_3(t)\theta_3(t) + \beta(t)\xi_7(t)(\theta_3(t) - \theta_2(t))}{(1 + \beta(t)\exp\{y(t)\})(1 + \beta(t)\exp\{q(t)\})} - d_2(t)\theta_5(t)\Bigg]$$

$$\leq \eta_{21}\theta_1^2(t) + \eta_{22}\theta_2^2(t) + \eta_{23}\theta_3^2(t) + \eta_{25}\theta_5^2(t)$$

其中 $\xi_7(t)$ 位于 $\exp\{z(t) + q(t)\}$ 和 $\exp\{r(t) + y(t)\}$ 之间,且

$$\eta_{21} = (e^{M_1} - c_1)\mu^M\Bigg[e^{M_1+M_2}\Big(2a_2^M b_2^M + \frac{2f_2^M b_2^M}{(k_2^L + e^{m_2})^2}\Big) + 4(b_2^M)^2 e^{2M_1}(e^{M_1} - c_1) +$$

$$2a_2^M b_2^M e^{M_1+M_3} + 2b_2^M d_2^M e^{M_3} + \frac{2\alpha^M b_2^M (e^{M_1+M_3} + \beta^M e^{M_1+M_2+M_3})}{(1 + \beta^L e^{m_2})^2}\Bigg] -$$

$$2b_2^L(e^{m_1} - c_1)e^{m_1} - \frac{2b_2^L\mu^L\alpha^L\beta^L(e^{m_1} - c_1)e^{m_1+m_2+m_3}}{(1 + \beta^M e^{M_2})^2}$$

$$\eta_{22} = -2a_2^L e^{m_2} - \frac{2f_2^L e^{m_2}}{(k_2^M + e^{M_2})^2} + (a_2^M)^2\mu^M e^{2M_2} + 2\frac{a_2^M\mu^M f_2^M e^{2M_2}}{(k_2^L + e^{m_2})^2} +$$

$$2\alpha^M\beta^M\frac{e^{M_2+M_3}}{(1 + \beta^L e^{m_2})^2} - 2a_2^L\mu^L\alpha^L\beta^L\frac{e^{2m_2+m_3}}{(1 + \beta^M e^{M_2})^2} +$$

$$\frac{\mu^M(f_2^M)^2 e^{2M_2}}{(k_2^L + e^{m_2})^2} - 2\mu^L\alpha^L\beta^L f_2^L\frac{e^{2m_2+m_3}}{(k_2^M + e^{M_2})^2(1 + \beta^M e^{M_2})^2} +$$

$$(e^{M_1} - c_1)\mu^M e^{M_1+M_2}\Big(2a_2^M b_2^M + \frac{2f_2^M b_2^M}{(k_2^L + e^{m_2})^2}\Big) - 2b_2^L(e^{m_1} - c_1)e^{m_1} -$$

$$\frac{2b_2^L\mu^L\alpha^L\beta^L(e^{m_1} - c_1)e^{m_1} + m_2 + m_3}{(1 + \beta^M e^{M_2})^2} +$$

$$d_2^M\Big[-1 + a_2^M\mu^M e^{M_2} + \frac{\mu^M f_2^M e^{M_2}}{(k_2^L + e^{m_2})^2} - \frac{\alpha^L\beta^L\mu^L e^{m_2+m_3}}{(1 + \beta^M e^{M_2})^2}\Big] -$$

$$a_2^L e^{m_3} - \frac{\alpha^L(e^{m_3} + \beta^L e^{m_2+m_3})}{(1 + \beta^M e^{M_2})^2} + (a_2^M)^2\mu^M e^{M_2+M_3} +$$

$$a_2^M\mu^M\alpha^M\frac{e^{M_2}(e^{M_3} + \beta^M e^{M_2+M_3})}{(1 + \beta^L e^{m_2})^2} - \frac{\alpha^L\mu^L a_2^L e^{m_3}\beta^L e^{m_2+m_3}}{(1 + \beta^M e^{M_2})^2} +$$

$$\frac{\alpha^M \mu^M f_2^M e^{M_2}(e^{M_3} + \beta^M e^{M_2+M_3})}{(1+\beta^L e^{m_2})^2(k_2^L + e^{m_2})^2} +$$

$$\frac{\mu^M f_2^M a_2^M e^{M_2+M_3}}{(k_2^L + e^{m_2})^2} - \frac{(\alpha^L)^2 \mu^L \beta^L e^{m_2+m_3}(e^{m_3} + \beta^L e^{m_2+m_3})}{(1+\beta^M e^{M_2})^4}$$

$$\eta_{23} = (a_2^M)^2 \mu^M e^{2M_3} + 2\frac{\alpha^M \mu^M a_2^M [e^{2M_3} + \beta^M e^{M_2+2M_3}]}{(1+\beta^L e^{m_2})^2} + \frac{(\alpha^M)^2 \mu^M (e^{M_3} + \beta^M e^{M_2+M_3})^2}{(1+\beta^L e^{m_2})^4} +$$

$$2\mu^M b_2^M (e^{M_1} - c_1)\left[a_2^M e^{M_1+M_3} + \frac{\alpha^M (e^{M_1+M_3} + \beta^M e^{M_1+M_2+M_3})}{(1+\beta^L e^{m_2})^2}\right] +$$

$$a_2^M d_2^M \mu^M e^{M_3} + \frac{\alpha^M d_2^M \mu^M (e^{M_3} + \beta^M e^{M_2+M_3})}{(1+\beta^L e^{m_2})^2} + \frac{\mu^M f_2^M a_2^M e^{M_2+M_3}}{(k_2^M + e^{m_2})^2} -$$

$$a_2^L e^{m_3} - \frac{\alpha^L (e^{m_3} + \beta^L e^{m_2+m_3})}{(1+\beta^M e^{M_2})^2} + (a_2^M)^2 \mu^M e^{M_2+M_3} +$$

$$a_2^M \mu^M \alpha^M \frac{e^{M_2}(e^{M_3} + \beta^M e^{M_2+M_3})}{(1+\beta^L e^{m_2})^2} - \frac{\alpha^L \mu^L a_2^L e^{m_3} \beta^L e^{m_2+m_3}}{(1+\beta^M e^{M_2})^2} +$$

$$\frac{\alpha^M \mu^M f_2^M e^{M_2}(e^{M_3} + \beta^M e^{M_2+M_3})}{(1+\beta^L e^{m_2})^2(k_2^L + e^{m_2})^2} - \frac{(\alpha^L)^2 \mu^L \beta^L e^{m_2+m_3}(e^{m_3} + \beta^L e^{m_2+m_3})}{(1+\beta^M e^{M_2})^4}$$

$$\eta_{25} = d_2^M\left[-1 + a_2^M \mu^M e^{M_2} + \frac{\mu^M f_2^M e^{M_2}}{(k_2^L + e^{m_2})^2} - \frac{\alpha^L \beta^L \mu^L e^{m_2+m_3}}{(1+\beta^M e^{M_2})^2}\right] + (d_2^M)^2 \mu^M +$$

$$2\mu^M d_2^M b_2^M (e^{M_1} - c_1)e^{M_1} + a_2^M d_2^M \mu^M e^{M_3} + \frac{\alpha^M d_2^M \mu^M (e^{M_3} + \beta^M e^{M_2+M_3})}{(1+\beta^L e^{m_2})^2}$$

对于 V_3，有

$$V_3 = [2\theta_3(t) + \mu(t)\theta_3^\Delta(t)]\theta_3^\Delta(t)$$

$$= \left\{2\theta_3(t) + \mu(t)\left[-a_3(t)\xi_3(t)\theta_3(t) + \right.\right.$$

$$\alpha(t)\frac{\xi_2(t)\theta_2(t)}{(1+\beta(t)\exp\{y(t)\})(1+\beta(t)\exp\{q(t)\})} -$$

$$\left.\left. d_3(t)\theta_6(t)\right]\right\} \times [-a_3(t)\xi_3(t)\theta_3(t) - d_3(t)\theta_6(t) +$$

$$\alpha(t) \frac{\xi_2(t)\theta_2(t)}{(1+\beta(t)\exp\{y(t)\})(1+\beta(t)\exp\{q(t)\})}\Big]$$

$$\leqslant \eta_{32}\theta_2^2(t) + \eta_{33}\theta_3^2(t) + \eta_{36}\theta_6^2(t)$$

其中

$$\eta_{32} = \frac{\alpha^M e^{M_2}(a_3^M \mu^M e^{M_3}-1)}{(1+\beta^L e^{m_2})^2} + \frac{(\alpha^M)^2 \mu^M e^{2M_2}}{(1+\beta^L e^{m_2})^4}$$

$$\eta_{33} = -2a_3^L e^{m_3} + (a_3^M)^2 \mu^M e^{2M_3} + d_3^M(a_3^M \mu^M e^{M_3}-1) + \frac{\alpha^M e^{M_2}(a_3^M \mu^M e^{M_3}-1)}{(1+\beta^L e^{m_2})^2}$$

$$\eta_{36} = \mu^M(d_3^M)^2 + d_3^M(a_3^M \mu^M e^{M_3}-1)$$

对于 V_4，有

$$V_4 = [2\theta_4(t) + \mu(t)\theta_4^\Delta(t)]\theta_4^\Delta(t)n$$

$$= \{2\theta_4(t) + \mu(t)[-e_1(t)\theta_4(t) + q_1(t)\xi_1(t)\theta_1(t)]\} \times$$

$$[-e_1(t)\theta_4(t) + q_1(t)\xi_1(t)\theta_1(t)]$$

$$\leqslant \eta_{41}\theta_1^2(t) + \eta_{44}\theta_4^2(t)$$

其中

$$\eta_{41} = (q_1^M)^2 \mu^M e^{2M_1} + q_1^M e^{M_1}(-1+\mu^M e_1^M)$$

$$\eta_{44} = -2e_1^L + (e_1^M)^2 \mu^M + q_1^M e^{M_1}(-1+\mu^M e_1^M)$$

类似地，可以得到

$$V_5 = [2\theta_5(t) + \mu(t)\theta_5^\Delta(t)]\theta_5^\Delta(t) \leqslant \eta_{52}\theta_2^2(t) + \eta_{55}\theta_5^2(t)$$

$$V_6 = [2\theta_6(t) + \mu(t)\theta_6^\Delta(t)]\theta_6^\Delta(t) \leqslant \eta_{63}\theta_3^2(t) + \eta_{66}\theta_6^2(t)$$

其中

$$\eta_{52} = (q_2^M)^2 \mu^M e^{2M_2} + q_2^M e^{M_2}(-1+\mu^M e_2^M)$$

$$\eta_{55} = -2e_2^L + (e_2^M)^2 \mu^M + q_2^M e^{M_2}(-1+\mu^M e_2^M)$$

$$\eta_{63} = (q_3^M)^2 \mu^M e^{2M_3} + q_3^M e^{M_3}(-1+\mu^M e_3^M)$$

$$\eta_{66} = -2e_3^L + (e_3^M)^2 \mu^M + q_3^M e^{M_3}(-1+\mu^M e_3^M)$$

这样,就有

$$D^+ V^\Delta(t,X,Y) = V_1 + V_2 + V_3 + V_4 + V_5 + V_6$$
$$\leqslant (\eta_{11} + \eta_{21} + \eta_{41})\theta_1^2(t) + (\eta_{12} + \eta_{22} + \eta_{32} + \eta_{52})\theta_2^2(t) +$$
$$(\eta_{23} + \eta_{33} + \eta_{63})\theta_3^2(t) + (\eta_{14} + \eta_{44})\theta_4^2(t) +$$
$$(\eta_{25} + \eta_{55})\theta_5^2(t) + (\eta_{36} + \eta_{66})\theta_6^2(t)$$
$$\leqslant -cV(t,X,Y)$$

其中 $c = \min\{-(\eta_{11} + \eta_{21} + \eta_{41}), -(\eta_{12} + \eta_{22} + \eta_{32} + \eta_{52}), -(\eta_{23} + \eta_{33} + \eta_{63}), -(\eta_{14} + \eta_{44}), -(\eta_{25} + \eta_{55}), -(\eta_{36} + \eta_{66})\} > 0$. 那么,引理2.17的所有条件都满足了. 所以,系统(7.1.2)有唯一的正概周期解,且是一致渐近稳定的.

特别地,

推论7.1 假设条件 (H_2)—(H_5) 成立,如果系数 $a_i(t), r_i(t), d_i(t), p_i(t), q_i(t), e_i(t)(i=1,2,3), b_j(t), f_j(t), k_j(t)(j=1,2), \alpha(t), \beta(t)$ 在 $\mathbb{T}$ 上是 ω 周期函数,且满足 (H_1) 中的不等式. 那么,系统(7.1.2)存在唯一的、一致渐近稳定的 ω 周期解.

7.3 举 例

下面的数值例子说明我们的理论结果是可行的.

例 在系统(7.1.2)中,取

$$r_1(t) = 5 + 0.5 \sin t$$

$$r_2(t) = 5 + 0.05 \cos t$$

$$r_3(t) = 4.6 + 0.001 \cos t$$

$$a_1(t) = 2.5 + 0.001 \cos t$$

$$a_2(t) = 3 + 0.005 \cos t$$

$$a_3(t) = 3 + 0.002 \sin t$$

$$b_1(t) = 0.00015 + 0.00005 \sin 2t$$

$$b_2(t) = 0.0006 + 0.0002 \cos 2t$$

$$d_1(t) = 0.0025 + 0.0005 \sin t$$

$$d_2(t) = 0.003 + 0.001 \cos t$$

$$c_1 = e^{3.5}$$

$$d_3(t) = 0.007 + 0.001 \cos t$$

$$q_1(t) = 0.0002 + 0.0001 \sin \pi t$$

$$c_2 = e^3$$

$$q_2(t) = 0.0002 + 0.0001 \cos \pi t$$

$$q_3(t) = 0.00015 + 0.00005 \cos \pi t$$

$$p_1(t) = 1.5 + 0.01 \cos \sqrt{2} t$$

$$p_2(t) = 1.9 + 0.1 \cos \sqrt{2} t$$

$$p_3(t) = 2 + 0.2 \sin \sqrt{2} t$$

$$e_1(t) = 1.5 + 0.03 \sin 2t$$

$$e_2(t) = 1.35 + 0.05 \cos 2t$$

$$e_3(t) = 1.72 + 0.02 \sin 2t$$

$$f_1(t) = 0.0009 + 0.0001 \sin \sqrt{2} t$$

$$f_2(t) = 0.000\,7 + 0.000\,2 \cos\sqrt{2}\,t$$

$$k_1(t) = 0.001 + 0.000\,8 \sin \pi t$$

$$k_2(t) = 0.001 + 0.000\,9 \cos \pi t$$

$$\alpha(t) = 0.000\,6 + 0.000\,2 \sin t$$

$$\beta(t) = 0.000\,8 + 0.000\,2 \cos t$$

当 $\mathbb{T} = \mathbf{R}$ 时,经过直接的计算,得

$M_1 \approx 3.2, M_2 \approx 3.69, M_3 \approx 0.579, M_4 \approx 1, M_5 \approx 1.55, M_6 \approx 1.29, m_1 \approx 0.58,$
$m_2 \approx 0.045, m_3 \approx 0.42, m_4 \approx 0.97, m_5 \approx 1.286, m_6 \approx 1, \eta_{11} \approx -9.25, \eta_{21}$
$\approx 0.044\,76, \eta_{41} \approx -0.007\,36, \eta_{12} \approx -0.32, \eta_{22} \approx -10.79, \eta_{32} \approx -0.03, \eta_{52}$
$\approx -0.012, \eta_{23} \approx -4.56, \eta_{33} \approx -9.165, \eta_{63} \approx -0.000\,36, \eta_{14} = -0.003, \eta_{44}$
$= -2.947\,36, \eta_{25} = -0.004, \eta_{55} = -2.612, \eta_{36} = -0.008, \eta_{66} = -3.4,$ 那么,
$\eta_{11} + \eta_{21} + \eta_{41} \approx -9, \eta_{12} + \eta_{22} + \eta_{32} + \eta_{52} \approx -11, \eta_{23} + \eta_{33} + \eta_{63} \approx -13.7,$
$\eta_{14} + \eta_{44} \approx -2.95, \eta_{25} + \eta_{55} \approx -2.6, \eta_{36} + \eta_{66} \approx -3.4, c =$
$\min\{-(\eta_{11} + \eta_{21} + \eta_{41}), -(\eta_{12} + \eta_{22} + \eta_{32} + \eta_{52}), -(\eta_{23} + \eta_{33} + \eta_{63}), -$
$(\eta_{14} + \eta_{44}), -(\eta_{25} + \eta_{55}), -(\eta_{36} + \eta_{66})\} \approx 2.6 > 0$

可见,定理7.1和定理7.2的条件均满足,故系统(7.1.2)是持久的,且存在唯一的、一致渐近稳定的概周期解.

参考文献

[1] PORTER M E. Cluster and the new economics of competition[J]. Harvard Business Review, 1998(11-12):77-90.

[2] 马歇尔. 经济学原理[M]. 马志泰,陈良壁,译. 北京:商务印书馆,2019.

[3] CHIARONI D, CHIESA V. Forms of creation of industrial clusters in bio-technology[J]. Technovation,2006,26(9):1064-1076.

[4] MOORE J R. Business ecosystems and the view of the firm[J]. The Antitrust Bulletin,2006,51(1):31-75.

[5] 姬国军. 基于生态共生的金融产业集群关系结构研究[J]. 经济经纬, 2010(5):47-51.

[6] CAI S H, JIAO J J, XIANG Q L. Research on formation and development of circular industrial clusters and innovative networks[J]. Energy Procedia, 2011,5:1519-1524.

[7] 刘友金,袁祖凤,易秋平. 共生理论视角下集群式产业转移进化博弈分析 [J]. 系统工程,2012,30(2):22-28.

[8] XU C J, SHAO Y F. Existence and global attractivity of periodic solution for enterprise clusters based on ecology theory with impulse[J]. Journal of Applied Mathematics and Computing, 2012, 39(1-2): 367-384.

[9] 高长元, 杜鹏. 基于 Lotka-Volterra 的高科技虚拟产业集群成员间合作与竞争模型[J]. 科技进步与对策, 2009, 26(23): 72-75.

[10] 刘友金, 袁祖凤, 周静, 等. 共生理论视角下产业集群式转移演进过程机理研究[J]. 中国软科学, 2012(8): 119-129.

[11] BARBIERI E, DITOMMASO M R, BONNINI S. Industrial development policies and performances in Southern China: Beyond the specialised industrial cluster program[J]. China Economic Review, 2012, 23(3): 613-625.

[12] SUN L, YU J H, ZHAN H F, et al. Enterprise cluster entity modeling based on product[J]. Applied Mechanics and Materials, 2010, 37-38: 402-406.

[13] LIU Q R, WANG L L. Analysis on endogenous mechanism of ecologicalization of small and medium-sized enterprises cluster[J]. Science Technology and Management, 2009, 11(4): 83-85.

[14] FLEISHER B, HU D H, MCGUIRE W, et al. The evolution of an industrial cluster in China[J]. China Economic Review, 2010, 21(3): 456-469.

[15] CHABUKDHARA M, NEMA A K. Heavy metals assessment in urban soil around industrial clusters in Ghaziabad, India: probabilistic health risk approach[J]. Ecotoxicology and Environmental Safety, 2013, 87: 57-64.

[16] GUO B, GUO J J. Patterns of technological learning within the knowledge systems of industrial clusters in emerging economies: Evidence from China [J]. Technovation, 2011, 31(2-3): 87-104.

[17] XU Y L, LI H W. Research on evaluation of enterprises' technology innova-

tion performance from the perspective of industrial cluster networks[J]. Energy Procedia, 2011,5: 1279-1283.

[18] JIA W, LIU L R, XIE X M. Diffusion of technical innovation based on industry-university-institute cooperation in industrial clusters[J]. The Journal of China Univer sities of Posts and Telecommunications, 2010,17: 45-50.

[19] IAMMARINO S, MCCANN P. The structure and evolution of industrial clusters: transactions, technology and knowledge spillovers[J]. Research Policy, 2006,35(7): 1018-1036.

[20] HUANG H, LUO F Z. Fuzzy comprehensive evaluation for risk analysis of regional machine tool industrial cluster[J]. Systems Engineering Procedia, 2011,2: 422-427.

[21] BISCHI G I, TRAMONTANA F. Three-dimensional discrete time Lotka-Volterra models with an application to industrial clusters[J]. Communications in Nonlinear Science and Numerical Simulation, 2010,15(10): 3000-3014.

[22] ZHANG Y X, ZHENG X L, C Liang, et al. The development strategy for industrial clusters in Qingdao [J]. Energy Procedia, 2011 (5): 1355-1359.

[23] 刘萍,李永昆. 具脉冲效应和反馈控制的企业集群竞争模型的持久性分析[J]. 经济数学, 2011,28(2): 1-5.

[24] LIU P, LI Y K. Analysis of permanence and extinction of enterprise cluster based on ecology theory [J]. International Journal of Computational and Mathematical Sciences, 2011,5(3): 154-159.

[25] LIU P, LI Y K. Permanence for a competition and cooperation model of enterprise cluster with delays and feedback controls[J]. Electronic Journal

of Differential Equations, 2013(22): 1-9.

［26］ LIU P, ZHOU J W, ZHAO L L. Permanence of a delayed enterprise cluster predator-prey model with Ivlev functional response and feedback control ［J］. Far East Journal of Applied Mathematics, 2011, 60(1): 55-72.

［27］ LI Y K, ZHANG T W. Global asymptotical stability of a unique almost periodic solution for enterprise clusters based on ecology theory with time-varying delays and feedback controls［J］. Communications in Nonlinear Science and Numerical Simulation, 2012, 17 (2): 904-913.

［28］ NAKATA Y, MUROYA Y. Permance for nonautonomous Lotka-Votella cooperative systems with delays［J］. Nonlinear Analysis: Real World Applications, 2010, 11(1): 528-534.

［29］ LU G C, LU Z Y, LIAN X Z. Delay effect on the permanence for Lotka-Volterra cooperative systems［J］. Nonlinear Analysis: Real World Applications, 2010, 11(4): 2810-2816.

［30］ LIN S, LU Z. Persistence for two species Lotka-Volterra system with delays ［J］. Mathematical Biosciences and Engineering, 2006(3): 137-144.

［31］ 陈丹, 张耘嘉, 张树文. 具有巢寄生行为和阶段结构的两种群模型分析 ［J］. 纯粹数学与应用数学, 2010, 26 (4): 656-662.

［32］ CHEN F D, LI Z, HUANG Y J. Note on the permanence of a competitive system with infinite delay and feedback controls［J］. Nonlinear Analysis: Real World Applications, 2007, 8(2): 680-687.

［33］ CHEN F D, YANG J H, CHEN L J. Note on the Persistent property of a feedback control system with delays［J］. Nonlinear Analysis: Real World Applications, 2010, 11(2): 1061-1066.

［34］ LIAO X, OUYANG Z, ZHOU S. Permanence of species in non-autonomous discrete Lotka-Volterra competitive system with delays and feedback contrals [J]. Journal of Applied Mathematics and Computing, 2008, 211 (1) : 1- 10.

[35] CHEN L J, XIE X D. Permanence of an N-species cooperation system with continuous time delays and feedback controls[J]. Nonlinear Analysis: Real world Applications, 2011, 12(1) : 34-38.

[36] NIE L F, PENG J G, TENG Z D. Permanence and stability in multi species non-autonomous Lotka-Volterra competitive systems with delays and feed-back controls[J]. Mathematical and Computer Modelling, 2009, 49(1-2) : 295-306.

[37] NIE L F, TENG Z D, HU L, et al. Permanence and stability in non autonomous predator-prey Lotka-Volterra systems with feedback controls[J]. Computers & Mathematics with Applications, 2009, 58(3) : 436-448.

[38] WANG L L, FAN Y H. Permanence and existence of periodic solutions for a generalized system with feedback control [J]. Applied Mathematics and Computation, 2010, 216(3) : 902-910.

[39] ZENG Z J, ZHOU Z C. Multiple positive periodic solutions for a class of state dependent delay functional differential equations with feedback control[J]. Applied Mathematics and Computation, 2008, 197(1) : 306-316.

[40] LI Y K, ZHANG T W. Permanence of a discrete n-species cooperation system with time-varying delays and feedback controls[J]. Mathematical and Computer Modelling, 2011, 53(5-6) : 1320-1330.

[41] HU H X, TENG Z D, JIANG H J. Permanence of the nonautonomous competitive systems with infinite delay and feedback controls[J]. Nonlinear Analysis: Real World Applications, 2009, 10(4) : 2420-2433.

[42] WANG C Z, SHI J L. Positive almost periodic solutions of a class of Lotka-Volterra type competitive system with delays and feedback controls[J]. Applied Mathematics and Computation, 2007, 193(1): 240-252.

[43] FAN Y H, WANG L L. Global asymptotical stability of a Logistic model with feedback control[J]. Nonlinear Analysis: Real World Applications, 2010, 11(4): 2686-2697.

[44] HUA H X, TENG Z D, GAO S J. Extinction in nonautonomous Lotka-Volterra competitive system with pure delays and feedback controls[J]. Nonlinear Analysis: Real World Applications, 2009, 10(4): 2508-2520.

[45] 于刚, 鲁红英. 具有反馈控制的离散两种群竞争系统的概周期解[J]. 数学的实践与认识, 2012, 42(6): 156-163.

[46] ZHANG G D, SHEN Y, CHEN B S. Positive periodic solutions in a non selective harvesting predator-prey model with multiple delays[J]. Journal of Mathematical Analysis and Applications, 2012, 395(1): 298-306.

[47] CHEN L J, CHEN L J. Positive periodic solution of a nonlinear integro differential prey-competition impulsive model with infinite delays[J]. Nonlinear Analysis: Real World Applications, 2010, 11(4): 2273-2279.

[48] LI Y K, ZHAO L L. Positive periodic solutions for a neutral Lotka-Volterra system with state dependent delays[J]. Communications in Nonlinear Science and Numerical Simulation, 2009, 14(4): 1561-1569.

[49] LI Z, CHEN F D, HE M X. Almost periodic solutions of a discrete Lotka-Volterra competition system with delays[J]. Nonlinear Analysis: Real World Applications, 2011, 12(4): 2344-2355.

[50] ZHANG G D, ZHU L L, CHEN B S. Hopf bifurcation in a delayed differential algebraic biological economic system[J]. Nonlinear Analysis: Real

World Applications,2011,12(3):1708-1719.

[51] ZHANG G D, CHEN B S, ZHU L L, et al. Hopf bifurcation for a differential algebraic biological economic system with time delay[J]. Applied Mathematics and Computation,2012,218(15):7717-7726.

[52] WANG K. Periodic solutions to a delayed predator-prey model with Hassell-Varley type functional response[J]. Nonlinear Analysis:Real World Applications,2011,12(1):137-145.

[53] LIU G R, YAN J R. Existence of positive periodic solutions for neutral delay Gause-type predator-prey system [J]. Applied Mathematical Modelling, 2011,35(12):5741-5750.

[54] B. M. 列维坦. 概周期函数[M]. 余家荣,张延昌,译. 北京:高等教育出版社,1956.

[55] 何崇佑. 概周期微分方程[M]. 北京:高等教育出版社,1992.

[56] FINK A M. Almost periodic differential equations, Lecture Notes in Math [M]. NewYork:Springer-verlag,1974.

[57] YOSHIZAWA T. Stability theory and the existence of periodic solutions and almost periodic solutions[M]. NewYork:Springer-verlag,1975.

[58] LEVITION B M, ZHIKOV V V. Almost periodic functions and differential equations[M]. London:Cambridge University Press,1982.

[59] YOSHIZAWA T. Stability properties in almost periodic system of functional differential equations[J]. Lecture Notes in Maths,1980,799:385-409.

[60] ZAIDMAN S. Almost-periodic functions in abstract spaces[M]. Boston:Pitman Advanced Publishing Program,1985.

[61] ZHANG T W, LI Y K, YE Y. Persistence and almost periodic solutions for a discrete fishing model with feedback control[J]. Communications in Non-

linear Science and Numerical Simulation, 2011, 16(3): 1564-1573.

[62] ZHANG T W, LI Y K, YE Y. On the existence and stability of a unique almost periodic solution of Schoener's competition model with pure delays and impulsive effects[J]. Communications in Nonlinear Science and Numerical Simulations, 2011, 17(3): 1408-1422.

[63] LI Y K, ZHANG T W, XING Z W. The existence of nonzero almost periodic solution for Cohen-Grossberg neural networks with continuously distributed delays and impulses[J]. Neurocomputing, 2010, 73(16-18): 3105-3113.

[64] LI Y K, FAN X L. Existence and globally exponential stability of almost periocic solution for Cohen-Grossberg BAM neural networks with variable coefficients[J]. Applied Mathematical Modelling, 2009, 33(4): 2114-2120.

[65] TIAN B D, QIU Y H, CHEN N. Almost periodic solution for a Schoner competitive system with saturated infectious force, Mathematics in Practice and Theory[J]. 2010, 40(1): 151-155.

[66] WANG K, ZHU Y L. Stability of almost periodic solution for a generalized neutral type neural networks with delays[J]. Neurocomputing, 2010, 73 (16-18): 3300-3307.

[67] ALZABUT J O, STAMOVB G T, SERMUTLU E. Positive almost periodic solutions for a delay logarithmic population model[J]. Mathematical and Computer Modelling, 2011, 53(1-2): 161-170.

[68] WANG Q, ZHANG H Y, DING M M, et al. Global attractivity of the almost periodic solution of a delay logistic population model with impulses[J]. Nonlinear Analysis: Theory, Methods & Applications, 2010 (73): 3688-3697.

[69] CUEVAS C, SEPULVEDA A, SOTO H. Almost periodic and pseudo-almost

periodic solutions to fractional differential and integro-differential equations [J]. Applied Mathematics and Computation, 2011, 218(5): 1735-1745.

[70] HASIL P, VESELY M. Almost periodic transformable difference systems [J]. Applied Mathematics and Computation, 2012, 218(9): 5562-5579.

[71] CAO J F, YANG Q G, HUANG Z T. On almost periodic mild solutions for stochastic functional differential equations [J]. Nonlinear Analysis: Real World Applications, 2012, 13(1): 275-286.

[72] ZHOU H, ZHOU Z F, WANG Q. Positive almost periodic solution for a class of Lasota- Wazewska model with infinite delays [J]. Applied Mathematics and Computation, 2011, 218(8): 4501-4506.

[73] CAO J F, YANG Q G, HUANG Z T, et al. Asymptotically almost periodic solutions of stochastic functional differential equations [J]. Applied Mathematics and Computation, 2011, 218(5): 1499-1511.

[74] LI Y K, ZHANG T W. Permanence and almost periodic sequence solution for a discrete delay logistic equation with feedback control [J]. Nonlinear Analysis: Real World Applications, 2011, 12(3): 1850-1864.

[75] GENG J B, XIA Y H. Almost periodic solutions of a nonlinear ecological model [J]. Communications in Nonlinear Science and Numerical Simulation, 2011, 16(6): 2575-2597.

[76] FAN Q Y, SHAO J Y. Positive almost periodic solutions for shunting inhibitory cellular neural networks with time-varying and continuously distributed delays [J]. Communications in Nonlinear Science and Numerical Simulation, 2010, 15(6): 1655-1663.

[77] BOHNER M, PETERSON A. Dynamic equations on time scales, An Introduction with Applications [M]. Boston: Birkhauser, 2001.

[78] BOHNER M, PETERSON A. Advances in Dynamic equations on time scales[M]. Boston: Birkhauser, 2003.

[79] HILGER S. Analysis on measure chains a unified approach to continuous and discrete calculus[J]. Results Math, 1990(18): 18-56.

[80] AULBACH B, HILGER S. Linear dynamic processes with inhomogeneous time scale [J]. Nonlinear Dynamics and Quantum Dynamical Systems, Mathematical Research, 1990(59): 9-20.

[81] AGARWAL R P, BOHNER M. Basic calculus on time scales and some of its applications[J]. Results Math, 1999, 35 (1-2): 3-22.

[82] AGARWA R P, BOHNER M, O'REGAN D, et al. Dynamic equations on time scales: a suevey[J]. Journal of Computational and Applied Mathematics, 2002, 141(1-2): 1-26.

[83] ZENG Z J. Periodic solutions for a delayed predator-prey system with stage structured predator on time scales[J]. Computers and Mathematics with Applications, 2011, 61(11): 3298-3311.

[84] WANG S P, LIN S W, CHYAN C J. Nonlinear two-point boundary value problems on time scales[J]. Mathematical and Computer Modelling, 2011, 53(5-6): 985-990.

[85] TONG Y, LIU Z J, GAO Z Y, et al. Existence of periodic solutions for a predator-prey system with sparse effect and functional response on time scales[J]. Communications in Nonlinear Science and Numerical Simulation, 2012, 17(8): 3360-3366.

[86] DU B, HU X P, GE W G. Periodic solution of a neutral delay model of single species population growth on time scales[J]. Communications in Nonlinear Science and Numerical Simulation, 2010, 15(2): 394-400.

[87] ZHANG H T, LI Y K. Existence of positive periodic solutions for functional differential equations with impulse effects on time scales[J]. Communications in Nonlinear Science and Numerical Simulation, 2009, 14(1): 19-26.

[88] ZHENG F Y, ZHOU Z, MA C Q. Periodic solutions for a delayed neural network model on a special time scale[J]. Applied Mathematics Letters, 2010, 23(5): 571-575.

[89] ZHANG J M, FAN M, ZHU H P. Periodic solution of single population models on time scales[J]. Mathematical and Computer Modelling, 2010, 52 (3-4): 515-521.

[90] ZHANG Z Q, LIU K Y. Existence and global exponential stability of a periodic solution to interval general bidirectional associative memory (BAM) neural networks with multiple delays on time scales[J]. Neural Networks: The Official Journal of the International Neural Network Society, 2011, 24 (5): 427-439.

[91] ARDJOUNI A, DJOUDI A. Existence of periodic solutions for nonlinear neutral dynamic equations with variable delay on a time scale[J]. Communications in Nonlinear Science and Numerical Simulation, 2012, 17(7): 3061-3069.

[92] WANG C, LI Y K, FEI Y. Three positive periodic solutions to nonlinear neutral functional differential equations with impulses and parameters on time scales[J]. Mathematical and Computer Modelling, 2010, 52(9-10): 1451-1462.

[93] LI Y K, WANG C. Uniformly almost periodic functions and almost periodic solutions to dynamic equations on time scales[J]. Abstract and Applied Analysis, 2011, 2011: 1-22.

[94] LI Y K, WANG C. Almost periodic functions on time scales and applications[J]. Discrete Dynamics in Nature and Society, 2011, 2011: 1-20.

[95] LI Y K, WANG C. Pseudo almost periodic functions and pseudo almost periodic solutions to dynamic equations on time scales[J]. Advances in Difference Equations, 2012, 2012(7): 1-24.

[96] LI Y K, YANG L, ZHANG H T. Permanence and uniformly asymptotic stability of almost periodic solutions for a single-species model with feedback control on time scales[J]. Asian-European Journal of Mathematics, 2014, 7(1): 1-15.

[97] LI Y K, WANG C. Almost periodic solutions of shunting inhibitory cellular neural networks on time scales[J]. Commun Nonlinear Sci Number Simulat, 2012, 17(8): 3258-3266.

[98] GUAN Y J, WANG K. Translation properties of time scales and almost periodic functions[J]. Mathematical and Computer Modelling, 2013, 57(5-6): 1165-1174.

[99] CHEN C Y, WU G C. Coexistence model and stability analysis of industrial clusters and the third party logistics[J]. Journal of Hang Zhou Dian Zi University (in Chinese), 2007, 3(4): 16-20.

[100] 周浩. 企业集群的共生模型及稳定性分析[J]. 系统工程, 2003, 21(4): 32-37.

[101] 董晓慧, 赵韩. 基于生命周期的企业集群价值网稳定性分析[J]. 价值工程, 2009(7): 1-4.

[102] 董秋云. 生态视角下的中小企业聚集成长模式探讨[J]. 科技进步与对策, 2008, 25(3): 108-111.

[103] 于丽颖. 一类具反馈控制的种群动力学模型的稳定性与概周期解

[J]. 吉林化工学院学报, 2011, 28(9): 100-104.

[104] LU G, LU Z. Permanence for two species Lotka-Volterra cooperative systems with delays[J]. Mathematical Biosciences and Engineering, 2008, 5(3): 477-484.

[105] CHEN F D, LIAO X Y, Z K Huang. The dynamic behavior of N-species cooperation system with continuous time delays and feedback controls [J]. Applied Mathematics and Computation, 2006, 181(2): 803-815.

[106] CHEN F D. Permanence in non autonomous multi species predator-prey system with feedback controls[J]. Applied Mathematics and Computation, 2006, 173(2): 694-709.

[107] YUAN C D, WANG C H. Persistence and periodic orbits for non autonomous diffusion Schoener models[J]. Bulletin of Biomathematics, 1997, 1(2): 7-16.

[108] LIU Q M, XU R, WANG W G. The global stability of delayed Schoener model[J]. Journal of Biomathematics, 2006, 21(1): 147-152.

[109] CAPAS S, SERIO G. A generalization of Kermack-Mckendrinck deterministic epidemic model[J]. Mathematical Biosciences, 1978, 42(1-2): 43-61.

[110] 原三领, 蒋里强. 一类具有非线性饱和传染力的传染病模型[J]. 工程数学学报, 2011, 18(4): 98-102.